普通高等教育**通识类**课程新形态教材

U0455954

信息技术基础

（**麒麟操作系统**+WPS Office）

主 编　芮 雪　蒋 莉　王亮亮

副主编　白晶晶　郭 建　李 谨　董志芳

　　　　陈丽娟　张伟伟　杨瑞红

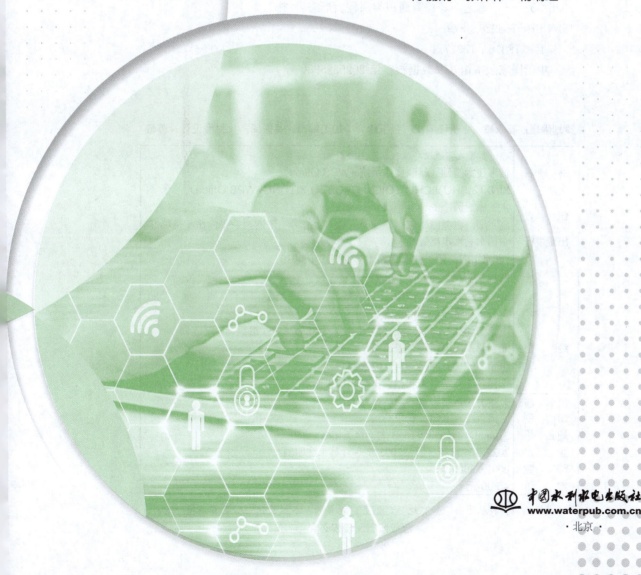

中国水利水电出版社

www.waterpub.com.cn

· 北京 ·

内 容 提 要

　　本教材按照教育部印发的《高等职业教育专科信息技术课程标准（2021年版）》要求编写，结合当前计算机的发展，以高职高专学生信息素质培养为切入点，按照易学、易懂、易操作、易掌握的原则，采用项目式的编写方式，融入课程思政，案例丰富，由浅入深、循序渐进地介绍了计算机基础知识、麒麟操作系统基础操作及终端常用命令、麒麟操作系统网络应用、WPS（文字、表格、演示文稿）应用、麒麟操作系统工具应用、新一代信息技术的知识。

　　本教材章节结构分为任务描述、相关知识、知识拓展、技能拓展、素质拓展、知识测试，部分章节还包含技能测试，重点突出、结构清晰、实用性强，还配有微课视频、拓展阅读等教学资源。本教材可作为大专院校各专业计算机基础教学用书，也可作为计算机水平考试和计算机等级考试教学用书，还可供计算机爱好者和专业技术人员自学使用。

图书在版编目（CIP）数据

信息技术基础 ： 麒麟操作系统 +WPS Office / 芮雪，
蒋莉，王亮亮主编 . -- 北京 ：中国水利水电出版社，
2025. 5. --（普通高等教育通识类课程新形态教材）.
ISBN 978-7-5226-3379-4

Ⅰ . TP316 ；TP317.1

中国国家版本馆 CIP 数据核字第 202552SP80 号

策划编辑：石永峰　　责任编辑：张玉玲　　加工编辑：黄振泽　　封面设计：苏敏

书　　名	普通高等教育通识类课程新形态教材 **信息技术基础（麒麟操作系统 +WPS Office）** XINXI JISHU JICHU（QILIN CAOZUO XITONG+WPS Office）
作　　者	主　编　芮　雪　蒋　莉　王亮亮 副主编　白晶晶　郭　建　李　谨　董志芳　陈丽娟　张伟伟　杨瑞红
出版发行	中国水利水电出版社 （北京市海淀区玉渊潭南路 1 号 D 座　100038） 网址 ：www.waterpub.com.cn E-mail ：mchannel@263.net（答疑） 　　　　　sales@mwr.gov.cn 电话 ：（010）68545888（营销中心）、82562819（组稿）
经　　售	北京科水图书销售有限公司 电话 ：（010）68545874、63202643 全国各地新华书店和相关出版物销售网点
排　　版	北京万水电子信息有限公司
印　　刷	三河市德贤弘印务有限公司
规　　格	210mm×285mm　16 开本　14.5 印张　380 千字
版　　次	2025 年 5 月第 1 版　2025 年 5 月第 1 次印刷
印　　数	0001—3000 册
定　　价	45.00 元

前　言

在这个信息时代，信息技术已经深入人们日常生活的每一个角落，成为不可或缺的一部分。无论是在学术研究、商业运作还是个人娱乐领域，信息技术的应用都极大地提升了人们的工作效率和生活品质。因此，对于高校学生来说，掌握信息技术的基础知识和技能，不仅能够增强他们的学术竞争力，更会为他们未来的职业道路奠定坚实的基石。

鉴于此，全体编者精心编写了这本新形态教材，旨在引导学生系统地掌握信息技术，特别是国产自主创新软件的应用。我们相信，通过学习本教材，学生能够更好地适应数字化时代的需求，为未来的挑战做好准备。

本教材以国产麒麟操作系统为核心，通过完成项目的方式全面介绍了信息技术的基础知识和应用技能。从计算机的发展历程到信息安全，从麒麟操作系统的使用到办公软件的高效应用，再到新一代信息技术的探索，每一个项目都精心设计，以确保学生能够在理论与实践之间找到平衡，为未来的职业生涯打下坚实的基础。

本教材具体内容如下：

项目 1 回顾了计算机的发展历程和组成原理，特别强调了信息安全的重要性，帮助学生形成必要的安全意识和防护技能。

项目 2 和项目 3 专注于麒麟操作系统基础操作和网络应用，深入探讨了国产操作系统的基本功能和终端常用命令的使用，及介绍了网络配置管理的实践技巧。通过这些项目的学习，学生能够具备在麒麟操作系统环境下进行有效工作的能力。

项目 4 ~ 6 聚焦于 WPS 办公软件的应用，包括文字处理、表格处理和演示文稿制作。WPS 作为国产办公软件的佼佼者，其高效、便捷的功能在教材中得到了充分的展示和讲解。这些技能在当今的办公环境中至关重要，通过学习这些项目，学生能够熟练地使用这些工具来完成各种文档工作。

项目 7 则更加注重实践操作，介绍了画图工具、计算器等常用小程序，以及分区编辑器、系统监视器、生物特征管理工具等高级管理技能，这些工具的使用将极大地提高学生的操作能力。

项目 8 对大数据、云计算、人工智能、区块链和物联网等新一代信息技术进行了综述，这些技术是未来发展的趋势，也是国产软件发展的重要方向。通过了解这些技术，学生能够把握行业的发展趋势，为未来的学习和研究指明方向。

在本教材即将付梓之际，全体编者向所有在编写过程中给予我们支持和帮助的个人和机构表达最诚挚的谢意。

首先，我们要感谢新疆师范高等专科学校的各位领导对本书的编写和出版给予了大力支持，感谢麒麟软件有限公司白树明老师、奇安信科技集团股份有限公司于洋老师给予的技术支持，感谢新疆师范高等专科学校人工智能与大数据学院张宏宇老师的帮助。

其次，我们还要向参与教材编写的每一位作者表达最深的敬意。本书结构设计与内容制定由芮雪、王亮亮负责；项目 1 由郭建编写，项目 2 和项目 7 由芮雪编写，项目 3 由蒋莉编写，项目 4 由陈丽娟编写，项目 5 由白晶晶编写，项目 6 由董志芳和李谨编写，项目 8 由张伟伟、杨瑞红编写。感谢各位老师不仅贡献了自己的专业知识和教学智慧，还投入了大量的时间和精力来精心打磨每一个章节。没有他们的辛勤工作和无私奉献，这本教材不可能如此丰富和完善。

最后，我们也要感谢出版社的工作人员，在编辑、设计和校对等方面付出的努力，他们的专业技能和敬业精神保证了教材的质量和可读性。

本教材不仅致力于助力学生在学术领域取得显著进步，更致力于点燃他们对信息技术的激情与探索欲望。国产软件不仅是技术自主的标杆，更是国家安全的坚实盾牌。通过深入学习本教材，我们期望学生能够深刻领悟自主知识产权软件的核心价值，熟练掌握其应用技巧，并在未来的职业生涯中充分发挥其潜力。在这个信息充斥的时代，让我们携手并进，为推动国家信息化建设贡献智慧和力量。

最后，祝愿大家在学习本书的过程中，收获知识，收获成长，为未来的挑战做好准备。

编 者

2024 年 12 月

目　　录

项目 1 入门计算机基础

项目导读

　　在当今数字化时代，计算机已经成为人们生活和工作中不可或缺的工具。然而，对于一些没有计算机基础知识的人来说，如何有效地利用计算机，了解其基本原理和操作方法，维护计算机的安全，成为了一个亟待解决的问题。

　　因此，本教材设计了一个计算机基础知识项目，旨在帮助初学者快速掌握计算机的基本概念和操作技能。通过本项目，学生能够系统地学习计算机的基础知识，包括计算机发展历程、计算机硬件和软件的组成、计算病毒、计算机信息安全维护等。

教学目标

知识目标
- 了解并掌握计算机的基本概念、发展历程和基本软硬件组成。
- 了解计算机信息安全的常见威胁以及相应的应对方法，了解信息安全的法律规范。

技能目标
- 掌握计算机信息的基本表示方法，学会硬件组装。
- 掌握计算机信息安全维护的基本方法，学会安全维护技能。

素质目标
- 掌握计算机的基本原理和实践能力，培养计算机使用的综合素质。
- 牢记计算机信息安全的法律规范，培养优秀的信息安全素质。

项目情景

　　开学初始，为了让学生了解计算机基础知识和信息安全的基本概念，帮助学生认识计算机和信息安全的重要性，信息学院将举办一场讲座，该讲座的具体安排如下：

　　活动时间：本周三 14:00—16:00。

　　活动地点：信息学院会议室。

　　参会对象：信息学院全体大一新生。

　　讲座内容：
- 计算机的发展史。
- 计算机的特点。
- 计算机内数据的表示形式。
- 计算机的组成。
- 计算机病毒。
- 信息安全法律法规及安全维护。
- 信息安全的分类。
- 信息安全风险及防范建议。

讲座形式：

- 采用讲座与交流互动相结合的形式。
- 学生在线上查阅相关资料，在交流互动阶段能够延伸讲座内容。

小琪看到通知后，决定报名参加。她在线上查阅资料的过程中，发现线上资源丰富，不能掌握重点，需要有人帮助她完成相关知识的查阅。接下来，我们协助她完成此次讲座线上资源的查阅，以便能够更好地参加此次讲座，并在讲座上与专家进行交流互动，了解计算机和信息安全的基础知识。

任务 1.1　初识信息技术基础

任务描述

（1）学习并了解计算机的发展历程。
（2）学习并掌握计算机的特点及其应用。
（3）学习计算机中的信息表示方式。
（4）了解计算机的硬件组成和组装流程。

相关知识

1.1.1　计算机发展历程

在当今这个数字化的时代，计算机已经成为人们生活中不可或缺的一部分。无论是工作、学习、娱乐还是日常交流，人们都依赖于这些智能机器的强大功能。它们不仅改变了人们处理信息的方式，还重塑了人们的生活方式，甚至影响了人们思考问题的角度。

日常场景中的每一项技术，都离不开计算机的支撑。但你是否曾想过，这些强大的机器是如何从最初的简单计算工具一步步发展而来的？它们是如何从笨重的机械装置演变成今天轻巧、高效的电子设备？

第一台电子计算机 ENIAC 诞生于 1946 年 2 月 14 日的美国宾夕法尼亚大学，是美国军方定制，专门为了计算弹道和射击特性表面而研制的，承担开发任务的"莫尔小组"由科学家冯•诺依曼（Von Neumann）和工程师普雷斯珀•埃克特（Presper Eckert）、威廉•莫克利（William Mauchly）、赫尔曼•戈尔斯坦（Herman Goldstine）、沃尔特•博克斯（Walter Burks）组成。该计算机使用了 1500 个继电器，18800 个电子管，占地 170 平方米，重量重达 30 多吨，耗电 150 千瓦时，造价 48 万美元，开机时需要让周围居民暂时停电。这台计算机每秒能完成 5000 次加法运算，400 次乘法运算，比当时最快的计算工具快 300 倍，是继电器计算机的 1000 倍、手工计算的 20 万倍。

以 ENIAC 为代表的第一代电子计算机属于电子管计算机，图 1.1 为当时电子管计算机的实拍图。这类计算机使用了大量的电子管作为其主要的电子元件，能够执行基本的算术和逻辑运算。它们具有强大的计算能力，但同时也非常庞大、耗电，且维护成本高，这限制了它们的应用范围和可靠性。

20 世纪 50 年代，随着晶体管的发明，如图 1.2 所示的晶体管计算机出现。晶体管计算机使用晶体管代替了电子管，这使得计算机体积大幅缩小，能耗降低，同时提高了计算速度和可靠性。晶体管计算机还引入了更先进的存储技术，如磁带和磁鼓。尽管晶体管计算机比电子管计算机有了显著的改进，但其价格仍然相对昂贵，且需要专业的操作和维护。

图 1.1　电子管计算机

图 1.2　晶体管计算机

20 世纪 60 年代,随着集成电路技术的发展,中小规模集成电路计算机(第三代计算机)开始出现(图 1.3),这标志着计算机技术的又一次革命。这些计算机将更多的电子元件集成在单一的硅芯片上,形成了中小规模集成电路。这进一步减小了计算机的体积,降低了成本,并提高了性能和可靠性。尽管集成电路技术带来了许多优势,但这些计算机仍然面临着设计复杂性增加、散热问题以及对专业技能的需求。

第四代计算机在 20 世纪 70 年代末到 80 年代期间发展起来,这一时期的计算机技术取得了巨大的进步。如图 1.4 所示,这些计算机使用大规模和超大规模集成电路,将数十万甚至数百万的晶体管集成在单个芯片上。这使得个人计算机(Personal Computer,PC)成为可能,它们体积小、价格适中、易于使用,并具有强大的计算能力。尽管性能大幅提升,但这些计算机仍然面临着技术快速发展带来的挑战,如软件兼容性问题和对硬件升级的需求。

图 1.3　中小规模集成电路计算机

图 1.4　超大规模集成电路计算机

计算机发展历史

第五代计算机技术是 21 世纪初随着云计算、大数据和人工智能技术的兴起而发展起来的。这一代计算机不再局限于物理硬件,而是侧重于软件和服务。它们利用云平台提供强大的计算资源,支持人工智能算法和大数据分析,能够处理和分析海量数据,提供智能决策支持。尽管具有高度的灵活性和可扩展性,但这一代计算机也面临着数据安全和隐私保护的挑战,以及对高速互联网连接的依赖。

1.1.2　计算机特点及应用

理解计算机的特点对于深入了解其在人类社会中的角色至关重要。本节将探讨计算机的特点及其在不同领域的应用，帮助读者更好地认识和理解这一重要技术的价值和意义。随着科技的不断进步，计算机的特点和应用将继续演变和拓展，为人类带来更多的便利和可能性。

计算机作为一种普遍存在的电子设备，具有以下几个主要特点：

（1）高速运算。计算机能够在极短的时间内完成大量的计算任务，处理速度远远超过人类的计算能力。

（2）大容量存储。计算机具有大容量的存储空间，能够存储海量的数据和信息。

（3）多任务处理。计算机能够同时处理多个任务，提高了效率。

（4）联网能力。计算机可以通过网络与其他设备和系统进行通信和数据交换。

（5）自动化。计算机可以根据预设的程序自动执行一系列操作，无须人工干预。

（6）准确性。计算机按照设定的程序精确执行操作，避免了人为的错误和偏差。

基于以上特点，计算机在各行各业中都有着广泛的应用，而且深入到了人们的日常生活，主要的应用领域如下：

（1）科学研究。计算机可用于模拟实验、数据分析、科学计算等，促进了科学技术的发展。

（2）工业控制。计算机可用于自动化生产线、智能制造、设备监控等，提高了生产效率和产品质量。

（3）金融服务。计算机可用于交易处理、风险管理、市场分析等，支撑了金融行业的发展。

（4）教育培训。计算机可用于教学管理、电子学习、在线培训等，改变了传统教育方式。

（5）交通物流。计算机可用于交通管理、航空调度、物流跟踪等，提高了交通运输效率和安全性。

1.1.3　计算机中数据的表示

计算机可以处理包含文字、代码、图像等诸多类型的数据，数据的类型虽然繁多，但是归根到底，计算机的所有数据都是以二进制的形式表示的。计算机无法直接"理解"人们日常生活中的十进制数、文字、图形等数据，需要采用数字化编码的形式对数据进行编码、加工和传送。

计算机中的数据表示主要依赖于二进制系统，即仅使用 0 和 1 这两个数字来表示数据和指令。这种方式称为二进制数制，因为计算机硬件（如处理器和内存）天生适合处理二进制数。

以下是二进制在计算机中的几个主要应用方面的介绍。

1. 数字表示

（1）二进制数。二进制是一种基数为 2 的数制，只使用 0 和 1 两个符号。例如，十进制的数字 10 在二进制中表示为 1010。将十进制数反复除以 2，记录每次的余数，直到商为 0。然后将余数倒序排列，即为对应的二进制数。

（2）十六进制数。与二进制类似，十六进制是一种基数为 16 的数制，使用 0 ～ 9 和 A ～ F 来表示数字。其中，A ～ F 依次表示数字 10 ～ 15。将十进制数反复除以 16，记录每次的余数，直到商为 0。然后将余数倒序排列，即为对应的十六进制数。

【示例】十进制 45 转换为二进制：

$$45 \div 2 = 22 \quad 余 1$$

$$22 \div 2 = 11 \quad 余 0$$
$$11 \div 2 = 5 \quad 余 1$$
$$5 \div 2 = 2 \quad 余 1$$
$$2 \div 2 = 1 \quad 余 0$$
$$1 \div 2 = 0 \quad 余 1$$

倒序排列余数：101101。

【示例】十进制 45 转换为十六进制：

$$45 \div 16 = 2 \quad 余 13（13 的十六进制数为 D）$$
$$2 \div 16 = 0 \quad 余 2$$

倒序排列余数：2DH（通常在数字末尾加上字母"H"，表示该数为十六进制数）。

2．字符表示

ASCII 编码。美国信息交换标准代码（American Standard Code for Information Interchange, ASCII）使用 7 或 8 位二进制数来表示字符。每个字符（如字母、数字和符号）都有一个对应的二进制编码。例如，大写字母"A"的 ASCII 码的十进制是 65，二进制表示为 1000001。

【示例】字符串"Hello"在 ASCII 编码中的表示：

$$H: 72 \rightarrow 01001000$$
$$e: 101 \rightarrow 01100101$$
$$l: 108 \rightarrow 01101100$$
$$l: 108 \rightarrow 01101100$$
$$o: 111 \rightarrow 01101111$$

3．图像表示

一个图像由多个像素组成，每个像素的颜色可以用二进制数表示。在 24 位彩色图像中，每个像素用 3 个字节表示，每个字节代表红（R）、绿（G）、蓝（B）3 种颜色的强度，每种颜色的强度范围是 0～255（对应 8 位二进制数）。

【示例】一个红色像素的表示（RGB 值为"255,0,0"）：

$$红色：255 \rightarrow 11111111$$
$$绿色：0 \rightarrow 00000000$$
$$蓝色：0 \rightarrow 00000000$$
$$组合起来：11111111 \; 00000000 \; 00000000$$

4．声音表示

数字音频中，声音通过采样将模拟信号转换为数字信号，每个采样点用二进制数表示。常见的音频格式，如 CD 音质，使用 44.1 kHz 的采样率和 16 位的量化精度。

【示例】一个 16 位音频样本的值是 0～65535 之间的整数。假设某个样本的值是 32768，其二进制表示：

$$32768 \rightarrow 1000000000000000$$

5．程序和指令表示

程序由一系列指令组成，这些指令用二进制表示，即机器码。不同的处理器有不同的指令集，每条指令对应一个特定的二进制码。

【示例】x86 架构的处理器指令"MOV AX, BX"可以被编译为二进制代码：

$$1000100111011000$$

在计算机中，二进制是信息表示的基础。无论是数字、字符、图像、声音，还是程序指令，都可以通过一系列 0 和 1 来表示。这种方式不仅简化了计算机的设计和实现，也使得数据处理和传输变得高效可靠。理解二进制在计算机中的应用，有助于更深入地掌握计算机的工作原理。

1.1.4　计算机组成

计算机是由硬件系统和软件系统组成的，硬件系统由不同类型的硬件组成，是计算机运作的根本，是计算机的"身体"；而软件系统可以分为系统软件和应用软件，用户可以通过软件系统更加简单地操作计算机，完成指定任务，软件系统可以被比作计算机的"灵魂"。

计算机的硬件系统如图 1.5 所示，主要分为控制器、运算器、存储器、输入设备和输出设备 5 个部分，各个部分的主要概念和功能如下：

（1）控制器。控制器是整个计算机的中枢神经，其功能是对程序规定的控制信息进行解释，根据其要求进行控制，调度程序、数据、地址，协调计算机各部分工作及内存与外部设备（简称"外设"）的访问等。

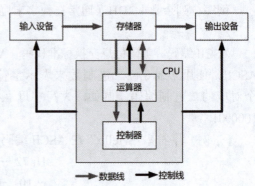

图 1.5　计算机硬件系统

（2）运算器。运算器的功能是对数据进行各种算术运算和逻辑运算，即对数据进行加工处理。

（3）存储器。存储器的功能是存储程序、数据和各种信号、命令等信息，并在需要时提供这些信息。

（4）输入设备。输入设备是计算机的重要组成部分，输入设备与输出设备合称为外部设备。输入设备的作用是将程序、原始数据、文字、字符、控制命令或现场采集的数据等信息输入计算机。常见的输入设备有键盘、鼠标、光电输入机、磁带机、磁盘机、光盘机等。

（5）输出设备。输出设备同样是计算机的重要组成部分，它把计算机的中间结果或最后结果、机内的各种数据符号及文字或各种控制信号等信息输出。常见的输出设备有显示终端、打印机、激光印字机、绘图仪及磁带、光盘机等。

计算机软件系统的组成如图 1.6 所示，主要分为系统软件、中间件和应用软件 3 个部分。

（1）系统软件。系统软件是指控制和协调计算机及外部设备，支持应用软件开发和运行的系统，是无须用户干预的各种程序的集合，主要功能是调度、监控和维护计算机系统；负责管理计算机系统中各种独立的硬件，使得它们可以协调工作，如操作系统。系统软件使得计算机使用者和其他软件将计算机当作一个整体而不需要顾及底层每个硬件是如何工作的。

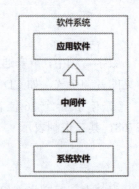

图 1.6　计算机软件系统

（2）中间件。中间件是介于应用系统和系统软件之间的一类软件，它使用系统软件所提供的基础服务，衔接应用系统的各个部分或不同的应用。中间件位于客户机服务器的操作系统之上，管理计算资源和网络通信能够达到资源共享、功能共享的目的。同时，分布式应用软件也可以借助中间件在不同的技术之间共享资源。常见的中间件包括 Tomcat、Weblogic 和 Glassfish 等。

（3）应用软件。应用软件是为了满足用户不同领域、不同问题的应用需求而提供的软件。它可以拓宽计算机系统的应用领域，放大硬件的功能，如 Word、Excel、QQ 等都属于应用软件。

这些组件共同工作，使得计算机能够执行复杂的任务，从基本的数据处理到高级的图形和视频处理。随着技术的发展，计算机的组成也在不断地进化和改进，以满足不断增长的性能需求和应用场景。

计算机组成

🔗 知识拓展

1.1.5　计算机硬件认识

计算机从最初发展至今，其中的硬件组成大同小异，通常都包括一些相同类型的关键硬件。因此，本节以个人计算机为例，列举出计算机中的主要硬件：中央处理器（Central Processing Unit，CPU）、主板、内存、硬盘和输入 / 输出（Input/Output，I/O）设备。各个设备的基本概念和主要功能如下：

1．CPU

CPU 通常包含运算器和控制器两大部分，是计算机系统的运算和控制的核心，也是信息处理和程序运行的最终执行单元。目前常见的 CPU 厂商是英特尔公司（Intel）和超威半导体公司（AMD），以及国内的龙芯中科技术股份有限公司，"龙芯"系列芯片如图 1.7 所示。

2．主板

主板也被称为主机板或系统板，是计算机最基本的部件之一。主板一般为矩形电路板，其中安装了组成计算机的主要电路系统，包括 BIOS 芯片、I/O 控制芯片、各类插槽和接口等。

3．内存

内存也被称为内存储器和主存储器，如图 1.8 所示。内存是计算机的重要部件，它用于暂时存放 CPU 中的运算数据，以及与硬盘等外部存储器交换的数据。内存是外存与 CPU 进行沟通的桥梁，计算机中所有程序的运行都在其中进行，其性能的强弱影响计算机整体水平。

图 1.7　CPU（龙芯 LS3A6000）

图 1.8　内存

4．硬盘

硬盘是计算机存储系统中的一个重要组成部分，它用于长期存储数据和程序。目前常见的硬盘分为固态硬盘（Solid State Drive，SSD）和机械硬盘两种，分别如图 1.9 和图 1.10 所示。读写速度、容量是硬盘的两个重要性能指标。

图 1.9　固态硬盘　　　　　　　　　　　图 1.10　机械硬盘

5. I/O 设备

I/O 设备即输入 / 输出设备，是指可以与计算机进行数据传输的硬件。常见的输入设备有如图 1.11 所示的键盘和如图 1.12 所示的鼠标等，常见的输出设备有如图 1.13 所示的打印机和所图 1.14 所示的显示器等。

图 1.11　键盘　　　　　　　　　　　　图 1.12　鼠标

图 1.13　打印机　　　　　　　　　　　图 1.14　显示器

1.1.6　计算机组装

用户可以根据自己的需求和预算定制硬件配置组装计算机，同时网络上提供了学习和了解计算机内部结构的机会。组装计算机是一个涉及多个步骤的过程，不但需要一定的技术知识，还需要足够的细心。以下是组装计算机的基本步骤。

1. 准备工作

首先，收集所有必要的硬件组件（如 CPU、主板、内存、硬盘、显卡、电源和机箱）和工具（如螺丝刀、防静电手套）。然后，检查所有组件是否兼容，并仔细阅读各个组件的安装说明书。最后，找到一个平坦、干净、无静电的工作空间，并佩戴防静电手套或使用防静电手环。

2. 正确安装各个组件

（1）安装 CPU 和散热器。将 CPU 正确插入主板的 CPU 插槽中，并安装相应的散热器，确保牢固。

（2）安装内存条。将内存条插入主板的内存插槽，听到卡扣声后确保其稳固。

（3）安装主板。将主板安装在机箱内，并用螺丝固定在机箱的支架上。

（4）安装显卡。如果有独立显卡，将显卡插入主板的 PCI-E 插槽，并用螺丝固定。

（5）安装硬盘和 SSD。将硬盘和 SSD 固定在机箱的硬盘架上，并连接相应的数据线和电源线。

（6）安装电源。将电源安装在机箱的电源仓内，并连接所有需要的电源线到主板、显卡、硬盘等组件。

（7）连接机箱前置接口。将机箱前置接口（如 USB 接口、音频接口、电源按钮等）连接到主板对应的针脚上。

3．正确安装系统软件

首先，插入 USB 启动盘或光盘，并启动计算机进入 BIOS 设置，设置启动顺序为 USB 或光盘优先。然后，保存并退出 BIOS 设置，计算机会从启动盘启动，按照提示安装操作系统（如 Windows、Linux 等）。最后，安装操作系统后，安装主板、显卡、声卡等驱动程序，确保所有硬件能够正常工作。

4．进行测试与调试

首先，完成系统安装和驱动安装后，重新启动计算机，检查各个硬件和软件的运行情况。然后，使用专业的软件进行硬件测试，如 CPU-Z、GPU-Z、MemTest 等，确保所有硬件稳定运行。最后，安装运行一些常用的软件和游戏，检查系统的稳定性和性能表现。

5．持续维护与升级

定期清理机箱内部灰尘，确保良好的散热效果。定期检查硬件运行状态，如硬盘健康状况、电源稳定性等。根据需要和预算，逐步升级硬件组件，如增加内存、更换更强大的显卡、更换更大的硬盘等。保持操作系统和驱动程序的更新，确保系统的安全和稳定。

组装计算机需要耐心和细致，每一步都很重要。在组装过程中，要遵循硬件制造商的指南和建议，确保安全和兼容性。此外，注意静电放电可能会损坏敏感的电子组件，因此佩戴防静电手套是一个好习惯。

❯ 素质拓展

1.1.7 最早的"计算机"

我国的计算机发展经历了一个从无到有、从弱到强的过程。从古老的算盘到现代的超级计算机，这一历程不仅反映了中国科技的发展轨迹，也展现了国家在技术自主创新和产业变革中的巨大努力和成就。

算盘的具体结构如图 1.15 所示，它作为我国古代的一种重要计算工具，已有上千年的历史。算盘由算盘珠和算盘架组成，通过手工拨动算盘珠进行加减乘除等基本运算。尽管算盘算不上现代意义上的计算机，但它为人类提供了一种有效的计算方法，是计算工具发展史上的重要一步。

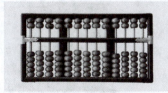

图 1.15 算盘

20 世纪 50 年代，随着电子技术的发展，计算机这一现代化计算工具开始走进中国。1956 年，我国启动了第一个科学技术发展规划，其中包括计算技术的研究和发展。同年，中国科学院计算技术研究所的成立，标志着我国计算机事业的正式起步。

1958 年，我国成功研制了第一台电子计算机——103 型，其结构如图 1.16 所示。这台计算机基于电子管技术，运算速度虽然远不及现代计算机，但它标志着我国在计算机领域迈出了重要一步。随后，在 103 型的基础上，我国在 60 年代又研制了 109 乙、109 丙等多种型号的晶体管计算机，为国家科学研究和国防工业提供了重要支持，其中 109 丙型计算机如图 1.17 所示。

图 1.16   103 型电子计算机

图 1.17   109 丙型计算机

20 世纪 70 年代，随着集成电路技术的出现，我国计算机进入了一个新的发展阶段。1973 年，我国成功研制出第一台集成电路计算机——DJS-130，如图 1.18 所示。这标志着我国计算机技术从电子管时代迈入了集成电路时代。

20 世纪 80 年代，我国计算机产业开始逐步走向市场化和商品化。1983 年，长城公司推出了我国第一台商品化的微型计算机——长城 0520CH，如图 1.19 所示。这台计算机的问世，推动了计算机在教育、科研、工业等各个领域的广泛应用，为我国计算机产业的发展奠定了基础。

图 1.18   DJS-130 计算机

图 1.19   长城 0520CH 计算机

20 世纪 90 年代，随着全球互联网的兴起，我国也迎来了信息化的浪潮。1994 年，我国正式接入互联网，标志着我国信息化时代的到来。计算机不仅成为办公和家庭的重要工具，互联网的普及更是深刻改变了人们的生活方式和社会结构。

进入 21 世纪，我国在超级计算机领域取得了举世瞩目的成就。2002 年，我国自主研制的超级计算机"天河一号"首次跻身世界前十。2010 年，升级版的"天河一号"（图 1.20）更是成为全球最快的超级计算机，震惊世界。

图 1.20　"天河一号"超级计算机

随后，我国又相继推出了"天河二号"和"神威·太湖之光"等超级计算机，性能不断提升。2016 年，"神威·太湖之光"成为全球首台运算速度峰值为 12.5 亿亿次每秒的超级计算机，再次刷新世界纪录。这些成就不仅体现了我国在高性能计算领域的强大实力，也为气象预报、石油勘探、生物医药等众多领域的科学研究提供了强有力的支持。

从算盘到超级计算机，我国计算机发展走过了一条艰辛而辉煌的道路。在未来，随着人工智能、量子计算、云计算等新技术的不断发展，我国计算机产业将迎来更多的机遇和挑战。坚持自主创新、加强国际合作、培养高素质人才，将是我国继续引领全球计算机技术潮流的重要举措。

🌀 知识测试

1．纵观计算机发展历史，主要分为哪几个阶段？每个阶段的计算机各有什么特点？

2．将以下二进制数转换为十进制。

0111 1111

0101 0101

0110 0110

3．将 42、127、562 转换为二进制和十六进制。

4．计算机的硬件组成主要分为几个部分？

5．固态硬盘和机械硬盘的主要区别是什么？

任务 1.2　探索信息安全

🔍 任务描述

（1）学习并理解计算机病毒的相关概念和基本特点。

（2）学习并理解计算机的信息安全素养和法律法规。

（3）学习并理解计算机安全维护方式。

（4）了解信息安全的分类和防范方法。

相关知识

1.2.1 计算机病毒

2006 年，一款著名的计算机病毒在两个月的时间内迅速席卷了全国数百万台电脑，由于该病毒会感染计算机中所有的".exe"文件，被感染的文件都有典型的熊猫举着 3 根香的图标，所以被称为"熊猫烧香"，如图 1.21 所示。

图 1.21 "熊猫烧香"示意图

以"熊猫烧香"为例的计算机病毒的起源最早可以追溯到 20 世纪 70 年代，随着个人计算机的普及和网络技术的发展，病毒的威胁也随之增加。它们通常具有隐蔽性，能够在不被察觉的情况下进行复制和传播。一旦激活，病毒可能会执行各种恶意行为，包括但不限于删除或损坏文件、窃取敏感信息、使系统运行缓慢甚至完全崩溃。

计算机病毒的分类多种多样，包括引导区病毒、文件病毒、宏病毒、蠕虫病毒、特洛伊木马和勒索软件等。引导区病毒主要感染磁盘的启动区，文件病毒感染可执行文件，宏病毒利用应用程序的宏编程语言进行传播，蠕虫病毒能够通过网络自我复制和传播，特洛伊木马伪装成合法程序诱使用户下载，勒索软件通过加密用户数据来敲诈勒索。

为了防范计算机病毒，用户需要采取一系列措施。首先，安装并定期更新防病毒软件是基本的防护手段。其次，保持操作系统和所有应用程序处于最新状态，以确保安全漏洞得到修补。此外，用户应当从可信的来源下载软件，并在打开任何电子邮件附件或链接之前保持警惕。定期备份重要数据也是一个好习惯，以防病毒攻击导致数据丢失。最后，启用网络防火墙，以防止未经授权的访问和保护个人隐私。

随着技术的不断进步，计算机病毒也在不断演变，变得更加复杂和难以检测。因此，用户需要持续关注最新的安全动态，学习新的防护技术，以确保自己的计算机系统和数据的安全。通过提高安全意识和采取有效的预防措施，可以最大限度地减少病毒带来的威胁。

计算机病毒

1.2.2 信息安全素养及法律法规

随着信息技术的快速发展和互联网的普及，信息安全已成为现代社会关注的重要课题。信息安全素养不仅关系到个人隐私和数据保护，还关系到国家安全和社会稳定。同时，信息安全相关的法律法规也在不断完善，以确保网络环境的安全与健康。接下来将从信息安全素养和法律法规两个方面进行探讨。

1. 信息安全素养

信息安全素养是指个人在信息化社会中，对信息安全的认知和行为能力。具备良好的信息安全素养，可以有效防范信息安全威胁，保护个人和组织的信息资产。主要包括以下几个方面：

（1）了解信息安全基础知识。

1）理解常见的安全威胁：如恶意软件、网络攻击、钓鱼攻击、数据泄露等。

2）了解基本的安全措施：如防火墙、反病毒软件、数据加密等。

（2）学习信息安全行为。

1）使用强密码：设置复杂且唯一的密码，定期更换，避免将相同的密码用于多个账户。

2）谨慎处理电子邮件和附件：不随意打开陌生人的邮件和附件，警惕钓鱼邮件。

3）定期更新软件：及时安装操作系统和应用程序的安全补丁，以修补已知漏洞。

（3）注重个人隐私保护。

1）保护个人信息：避免在社交媒体和不安全的网站上泄露个人敏感信息，如身份证号、电话号码、地址等。

2）使用隐私设置：合理设置社交媒体账户的隐私选项，控制信息共享范围。

（4）培养优秀网络素养。

1）安全的网络行为：不访问非法网站，不下载盗版软件，遵守网络使用规范。

2）识别虚假信息：增强辨别网络谣言和虚假信息的能力，不随意传播未经证实的信息。

（5）了解应急处理方法。

1）应对突发安全事件：掌握基本的应急处理方法，如遭遇网络攻击时的应对措施。

2）数据备份：定期备份重要数据，以防数据丢失。

2. 信息安全法律法规

为了规范信息安全行为，保护公民、企业和国家的利益，各国都制定了相应的法律法规。我国在信息安全领域也有一系列相关法律法规，主要包括以下几条：

（1）《中华人民共和国网络安全法》。《中华人民共和国网络安全法》是我国网络安全领域的基本法，于2017年6月1日正式实施。其主要内容包括以下几点：

1）网络产品和服务的安全要求：要求网络产品和服务提供者在产品设计、开发、生产和服务中应遵守国家网络安全标准和规范。

2）个人信息保护：规定网络运营者在收集、使用个人信息时应遵循合法、正当、必要的原则，明示收集和使用的目的、方式和范围，并经被收集者同意。

3）网络运营者安全保护义务：要求网络运营者建立健全网络安全防护体系，防止数据泄露、损毁和丢失。

4）关键基础设施保护：对涉及国家安全、国计民生、公共利益的关键信息基础设施进行重点保护。

（2）《中华人民共和国数据安全法》。《中华人民共和国数据安全法》于2021年9月1日正式实施，旨在规范数据处理活动，保障数据安全，促进数据开发利用，保护个人、组织的合法权益，维护国家主权、安全和发展利益。主要内容包括以下几点：

1）数据分类与分级保护：根据数据的重要程度，对数据进行分类与分级保护。

2）数据处理活动规范：明确数据处理的合法性、正当性和必要性要求。

3）数据安全管理责任：要求数据处理者建立数据安全管理制度，采取相应的技术措施和其他必要措施，保障数据安全。

4）跨境数据流动：对涉及国家核心数据的跨境流动提出严格要求，确保国家安全。

（3）《中华人民共和国个人信息保护法》。《中华人民共和国个人信息保护法》于2021年11月1日正式实施，是我国个人信息保护领域的专门法。主要内容包括以下几点：

1）个人信息处理规则：明确个人信息处理的原则和规则，包括透明、目的明确、最小必要、质量保证等。

2）个人权利保障：保障个人对其信息的知情权、决定权、访问权、复制权、纠正权、删除权等权利。

3）信息处理者义务：规定信息处理者在处理个人信息过程中应履行的义务，如隐私政策的公开、风险评估、个人信息保护负责人设立等。

4）跨境信息传输：对个人信息出境行为进行规范，要求进行安全评估和获得相关许可。

信息安全素养的提升和法律法规的完善是确保信息安全的两大基石。个人应不断提高信息安全意识和技能，主动保护自己的信息安全；同时，企业和组织应严格遵守相关法律法规，履行信息安全保护义务，构建安全可靠的信息环境。国家则需继续完善信息安全立法和执法体系，为信息安全提供有力保障。在各方的共同努力下，人们将能够更好地应对信息安全挑战，保护信息时代的安全与繁荣。

法律法规

1.2.3　计算机安全维护

由于计算机病毒和信息安全威胁的种类和数量日益增多，周期性地对计算机进行安全维护是确保计算机系统、网络和数据不受威胁和攻击的重要措施。因此，学习一些常用且有效的计算机安全维护方法显得尤为重要，以下是对其中一些关键方法的介绍。

（1）使用防病毒软件。选择一款知名的防病毒软件，它能够实时扫描文件和电子邮件附件，检测并清除病毒、木马、勒索软件等恶意程序。防病毒软件应具备自动更新功能，以对抗最新的病毒。

（2）定期更新系统。操作系统和应用程序的更新通常包含安全补丁，这些补丁修复了已知的安全漏洞。用户应开启自动更新功能，或定期手动检查更新，确保系统始终处于最新状态。

（3）使用防火墙。防火墙是一道安全屏障，监控所有进出计算机的网络流量，根据预定的安全规则允许或拒绝通信请求。它可以是硬件、软件，或两者的组合，通常配置为阻止未授权的访问，同时允许合法的网络活动。

（4）数据备份。定期备份是保护数据免受硬件故障、软件错误、病毒攻击或人为操作失误导致的数据丢失的重要手段。备份可以是本地的，也可以是云端的，关键是要确保备份的安全性和可恢复性。

（5）数据加密。数据加密是保护存储和传输中的数据不被未授权用户访问的技术。它可以在文件级别（如使用 BitLocker 加密硬盘）或传输级别（如使用 HTTPS 协议）实施。加密技术确保即使数据被截获，也无法被未授权者阅读。

通过这些措施，用户可以显著提高计算机系统的安全性，降低遭受网络攻击的风险。当然，更为重要的是，安全维护是一个持续的过程，需要定期评估和更新策略，以应对不断演变的网络威胁。

知识拓展

1.2.4　信息安全分类

计算机信息安全是保护计算机系统及其数据免受未授权用户访问、破坏、篡改、披露或滥用的一门学科。信息安全涵盖了网络安全、应用安全、数据安全、终端设备安全等多个领域，以下是计算机信息安全在这些领域下的主要概念和说明。

1．网络安全

网络安全关注保护计算机网络免受攻击、破坏和未经授权的访问，包括以下方面：

（1）防火墙：通过控制网络流量的进出，防止恶意访问。

（2）入侵检测和预防系统：监控网络流量，检测并阻止潜在的攻击。

（3）虚拟专用网络：通过加密连接，确保远程访问的安全性。

（4）网络协议安全：确保网络协议（如 HTTP、HTTPS、SSL/TLS）的安全性，防止数据在传输过程中被窃取或篡改。

2．应用安全

应用安全关注保护应用软件免受漏洞利用和恶意攻击，包括以下方面：

（1）代码审查：通过检查源代码，发现并修复安全漏洞。

（2）安全开发生命周期：在软件开发的各个阶段集成安全实践。

（3）Web 应用防火墙：保护 Web 应用免受常见攻击，如 SQL 注入和跨站脚本攻击。

（4）应用程序更新和补丁管理：及时修复已知漏洞，防止被利用。

3．数据安全

数据安全关注保护数据的完整性、机密性和可用性，包括以下方面：

（1）加密：使用加密技术保护数据的机密性，如高级加密标准（Advanced Encryption Standard，AES）和 RSA 加密算法（Rivest-Shamir-Adleman Algorithm，RSA）。

（2）数据备份：定期备份数据，防止数据丢失。

（3）数据分类和分级：根据数据的敏感性，对数据进行分类和分级管理。

（4）数据泄露防护：防止敏感数据被未经授权的用户访问或传输。

4．终端设备安全

终端设备安全关注保护终端设备（如计算机、移动设备）的安全性，包括以下方面：

（1）防病毒软件：检测和清除恶意软件。

（2）反恶意软件：防止间谍软件、勒索软件和其他恶意软件的攻击。

（3）设备加密：对终端设备上的数据进行加密，防止设备丢失或被盗时数据泄露。

（4）移动设备管理：管理和保护企业移动设备及其数据。

5．云安全

云安全关注保护云计算环境中的数据和应用安全，包括以下方面：

（1）云访问安全代理：监控和管理对云服务的访问。

（2）加密和密钥管理：保护云中的数据，并安全管理加密密钥。

（3）多租户隔离：确保不同用户的云资源相互隔离，防止数据泄露。

（4）合规性管理：确保云服务符合相关的安全法规和标准。

6．物联网安全

物联网安全关注保护物联网设备及其网络的安全，包括以下方面：

（1）设备认证：确保物联网设备的合法性。

（2）固件更新：定期更新设备固件，修复安全漏洞。

（3）网络分段：将物联网设备与其他网络设备隔离，防止安全事件扩散。

（4）数据加密：保护设备与服务器之间的数据传输。

计算机信息安全涵盖了多个领域和层次，每个领域都需要特定的策略和技术来确保安全。通过全面的安全策略，结合适当的技术和管理措施，可以有效保护信息系统免受各种威胁和攻击，保障数据的机密性、完整性和可用性。

1.2.5　安全风险及防范建议

计算机的信息安全风险分类繁多、种类复杂，但是无论是何种风险，都有可能对用户造成无法挽回的影响。了解常见的安全风险，是安全防范的重要前提。在日常对计算机的使用中，常见的安全风险如下：

（1）恶意软件：包括病毒、蠕虫、特洛伊木马、勒索软件等。

（2）网络钓鱼：通过电子邮件、网站等手段诱骗用户泄露敏感信息。

（3）数据泄露：未经授权的访问和获取敏感数据。

（4）身份盗窃：盗用他人身份进行欺诈活动。

（5）内部威胁：内部人员滥用权限获取或破坏信息。

（6）物理安全威胁：设备被盗或物理损坏。

（7）DDoS 攻击：分布式拒绝服务攻击，使网络服务不可用。

（8）SQL 注入：攻击数据库，获取、篡改或删除数据。

这些风险或是针对个人计算机，或是针对企业服务器，轻则影响数据传输过程，降低工作效率，重则可能造成数据泄露、系统崩溃等严重问题，从而造成用户隐私或财产安全损害。因此，学会如何防范这些安全风险，理应是个人和企业用户保护信息安全的重中之重。以下是常用的安全风险防范建议：

（1）警惕网络钓鱼。教育用户识别可疑邮件和链接，不要单击未知来源的链接或附件。

（2）提高安全意识。定期对员工进行安全意识培训，教授如何识别和防范社交工程攻击。

（3）数据加密。无论是在存储还是传输过程，都应对敏感数据进行加密。

（4）使用强密码。确保所有账户使用强密码，并定期更换。

（5）访问控制。实施严格的访问控制策略，确保只有授权人员才能访问敏感数据。

（6）物理安全措施。保护计算机和网络设备免受未授权的物理访问。

（7）配置防火墙和入侵检测系统。使用防火墙和入侵检测系统来监控和阻止恶意流量。

素质拓展

1.2.6　典型信息安全事件

在如今大数据和智能化高速发展的今天，许多科技公司掌握着上千万甚至上亿人的个人信息。如果这些信息遭到泄露，那么将会对公司和用户造成不可忽视的严重后果。尽管所有的公司都非常注重这方面的安全防护，但是信息泄漏的事件仍有发生。

雅虎数据泄露事件是互联网历史上最大的数据泄露事件之一，影响了数亿用户。该事件主要发生在 2013 年和 2014 年，但直到 2016 年才被披露。2013 年的事件影响了约 30

亿个用户账户，数据包括用户名、电子邮件地址、电话号码、出生日期、密码以及部分安全问题和答案。2014 年的事件影响了约 5 亿个用户账户，数据类型相似。攻击者利用雅虎系统中的多个安全漏洞对其进行攻击，包括对弱加密算法的利用。此事件导致用户个人信息被泄露，可能引发身份盗窃、账户入侵等问题，严重影响了雅虎的品牌声誉，并导致多起法律诉讼和监管调查。

2018 年，脸书（Facebook，现更名为 Meta）爆发了涉及剑桥分析公司（Cambridge Analytica）的数据泄露丑闻。Cambridge Analytica 是一家政治数据分析公司，通过不当手段获取了超过 8700 万 Facebook 用户的数据。这些数据通过一款心理测试应用收集，用户在参与测试时，同意应用访问他们的个人信息，但应用还收集了这些用户朋友的数据。Cambridge Analytica 利用这些数据在 2016 年美国总统大选中进行政治广告投放和选民行为分析。事件曝光后，引发了全球对数据隐私的广泛关注，Facebook 面临巨大的压力和法律挑战。

2018 年，我国最大的网约车平台滴滴出行被曝出数据泄露事件，涉及上千万用户的个人信息，包括姓名、电话、车牌号、行程记录等。泄露源头被认为是内部员工非法获取并出售数据。事件曝光后，滴滴出行遭到广泛批评，公司面临严重的信任危机。为了应对此次危机，滴滴加强了内部安全管理，升级了数据加密技术，并配合公安机关进行全面调查，以确保用户数据安全。

2023 年，Telegram 查询机器人被曝泄露国内 45 亿条个人信息，数据主要来自各快递平台以及淘宝、京东等购物网站。根据事件资料显示，当时泄露的数据包含用户真实姓名、电话与住址等。据该机器人管理员提供的 Navicat 截图显示，泄露的数据量超 45 亿条，数据大小超过 400GB，几乎涵盖了全国用户的快递信息。

信息安全是一场"道高一尺魔高一丈"的攻防战，攻击手段层出不穷，对应的防御措施也是愈加完善。企业自然会竭尽所能地做好安全防护工作，用户也应该提高个人信息保护意识，时刻警惕，避免个人信息的泄露，以免造成不可挽回的后果。

🌀 知识测试

1. 结合本章学习查阅相关资料，列举计算机病毒的主要特征。
2. 为了保护个人计算机不受病毒的危害，有哪些可以采取的措施？
3. 目前计算机的日常使用中，有哪些常见的安全风险？
4. 为了有效地防范安全风险，可以采取哪些措施？

项目 2　应用麒麟操作系统

项目导读

　　麒麟操作系统（Kylin）是我国自主研发的操作系统，它为我国的信息安全提供了坚实的保障。在信息技术迅猛发展的今天，精通麒麟操作系统的基本操作和管理技能已成为就业者脱颖而出的优势之一。

　　本项目旨在帮助大家迅速掌握麒麟操作系统的核心操作，并学习常用的终端命令，以提升工作效率。通过项目学习，大家将能够更加自信地运用麒麟操作系统，确保在日常工作中能够高效、安全地完成任务。

教学目标

知识目标

- 掌握操作系统的基本概念，理解其在计算机系统中的核心作用。
- 深入了解麒麟操作系统的特点和优势，认识到其在国产化进程中的重要地位。
- 了解并熟悉国产软硬件的特点。

技能目标

- 熟练掌握麒麟操作系统的基本操作和终端设置，具备对麒麟操作系统的基本操作能力。
- 熟练掌握常用命令的使用，具备运用常用命令操作计算机的能力。

素质目标

- 在学习操作系统和国产软硬件的过程中，培养学生的民族自豪感和文化自信，增强对国产技术的信任和支持。
- 通过掌握常用命令，提升学生的计算机操作技能，同时激发他们的求知欲和探索精神，鼓励他们在信息技术领域不断追求卓越。

项目情景

　　近年来，信息安全事件层出不穷，对企业和个人造成了巨大的经济损失。为了维护公司数据的安全性，防止敏感信息泄露，某企业决定采取一系列积极措施，其中包括逐步替换现有的办公软硬件，转而采用国产办公软硬件的解决方案。在这一转变中，公司选择了国产麒麟操作系统（Kylin）作为主要的操作系统。为了确保工作的连续性和效率，公司要求员工不仅要熟练掌握麒麟操作系统的基本操作，还要能够安全、高效地完成日常工作中的各项任务。

　　小琪是一名刚刚踏入大学校园的大一新生。她的姐姐在一家积极推动国产化进程的公司工作，公司办公室的计算机设备已全面升级为国产软硬件。为了帮助姐姐更快更好地适应这一变化，也为了让自己在未来的职业道路上更具竞争力，小琪决定开始学习国产软硬件。她希望通过自己的努力，既能为家人提供支持，又能为自己的职业生涯筑牢根基。

任务 2.1 简介操作系统

任务描述

小琪了解到姐姐单位的计算机安装的操作系统是麒麟操作系统，为了更好地帮助姐姐，小琪决定开始学习使用麒麟操作系统，可是小琪完全不知道操作系统是什么？它有什么作用？常用的操作系统又有哪些？

在国家科技高速发展的今天，国产操作系统又有哪些？我们一起来帮助小琪学习了解国产软硬件。

相关知识

2.1.1 什么是操作系统

操作系统是计算机的核心软件，它管理计算机的硬件和软件资源，为应用程序提供运行环境。购买回来的计算机不安装操作系统称为"裸机"，此时不能进行日常生产活动，需要安装操作系统后才能使用。

操作系统就是计算机的大管家，管理着计算机里的各种软硬件资源。它即像是计算机里的"交通警察"，负责指挥计算机的各个部件正常工作；也像餐厅里的"服务员"，接收用户的指令（点菜）→调用硬件资源（厨房）→执行程序（备餐）→显示执行结果（送餐），为软件程序提供运行的环境和服务。

2.1.2 Linux 操作系统

Linux 是免费的、自由的、开放的操作系统，以其高度的可定制性和稳定性而闻名，支持多种处理器架构。Linux 是芬兰人林纳斯·托瓦兹（Linus Torvalds）开发的，后来逐步被移植到更多的计算机硬件平台。它在服务器、超级计算机、嵌入式系统等领域都有广泛应用，包括但不限于智能手机、平板电脑、网络路由器、物联网设备、智能家居设备、工业控制系统、汽车电子系统等。例如在移动设备上广泛使用的 Andriod（安卓）操作系统就是建立在 Linux 内核之上的。

Linux 系统发展出各种各样的发行版本，有 Debian、Ubantu、Red Hat Enterprise Linux、Fedora 等，各种版本在一定程度上都遵守可移植操作系统接口（Portable Operating System Interface，POSIX）规范。

2.1.3 麒麟操作系统

麒麟操作系统是基于 Linux 内核的开源服务器操作系统。本书介绍学习麒麟软件有限公司开发的银河麒麟桌面操作系统 V10（以下简称"麒麟操作系统"），它是一款适配国产软硬件平台并深入优化和创新的简单易用、稳定高效、安全可靠的新一代图形化桌面操作系统产品。该系统融入了更多企业级使用场景，增加了多种触控手势和统一认证方式，其自研应用和工具软件全面提升，让办公更加高效；注重移动设备协同，优化驱动管理，引入可信安全计算体系，封装系统级软件开发工具包（Software Development Kit，SDK），操作简便，上手快速。

1. 麒麟操作系统功能特色

（1）处理器支持。麒麟操作系统实现了同源支持飞腾、龙芯、申威、兆芯、海光、鲲鹏、kirin 等国产处理器平台和 Intel、AMD 等国际主流处理器平台。

（2）界面友好、外设支持。麒麟操作系统界面风格和交互设计全新升级，提供了更好的硬件兼容性，支持更多有线和无线网卡、新型号显卡以及 20 多万款外设，包括打印机、扫描仪、投影仪、摄像头、4K 高清屏、触摸屏等各类外部设备和特种设备。

（3）整机支持。麒麟操作系统支持大多数基于国产处理器平台的整机，麒麟软件与长城、华为、同方、联想、曙光、浪潮、706、宝德等整机厂商建立了良好合作。

（4）交互体验全面提升。麒麟操作系统遵循通用操作交互习惯，融入移动操作交互长处；采用卡片式设计，模拟自然界中物体的层叠组合，还原事物原本的模样；使用轻质感、微渐变、圆角、毛玻璃效果的图标，赋予界面温度和亲和力。

（5）软件商店持续优化。麒麟操作系统软件商店作为应用分发平台，为用户推荐常用软件和优质软件。用户不仅可以快速搜索需要的软件，还可根据具体需求，通过商店的分类查找相关的软件。每款上架的软件都有详细的软件信息以供参考，用户可根据实际需要进行下载安装。

（6）麒麟管家全新上线。麒麟管家是一款 PC 管理软件，为用户提供多种 PC 管理服务功能，支持故障检测、垃圾清理，为用户 PC 健康保驾护航。麒麟管家中的百宝箱是一个系统小工具集合箱，旨在提供各类系统辅助小工具，现阶段已提供文件粉碎机，可彻底粉碎无法删除的文件。

（7）使用更安全。麒麟操作系统有安全中心，具有安全体检、账户保护、网络保护、病毒防护、应用保护与设备安全等功能；还有 PKS 安全体系、文件保护箱、日志查看器、统一认证等。

（8）应用兼容拓展更广。麒麟操作系统使用创新技术为用户提供了麒麟移动应用兼容运行环境和麒麟 Windows 应用兼容运行环境。

（9）系统级 SDK 支持。麒麟操作系统将应用层、基础层相关接口和系统层接口进行封装，为开发人员提供统一便捷的调用方式。

（10）系统更新全面展现。麒麟操作系统支持多种定制版本的区分推送以及灰度推送，具备多种检测更新模式，包括开机更新检测、定时错峰检测、周期检测、用户手动检测，用户可选择开启自动下载和更新，使更新更精准、更全面；支持下载更新限速功能，防止过多占用用户网速；支持更新保护机制，对更新全流程进行监控。

2. 配置要求

安装银河麒麟桌面操作系统 V10 最低配置要求见表 2.1。

表 2.1　银河麒麟桌面操作系统 V10 最低配置要求

配件	配置
处理器	ARM64：FT-2000/4、FT-D2000、鲲鹏 920、kirin 系列 MIPS64：3A4000 Loogarch64：3A5000 X86_64：兆芯 ZX-C、ZX-C+、KX-5000、KX-6000 系列、海光 3 系、Intel/AMD 在售 CPU
内存	4GB
存储	建议 50GB 或更大的存储设备
系统固件	UEFI 安全启动、Legacy BIOS
TPM	支持 TPM2.0

续表

配件	配置
显卡	支持 OpenGL 4.6，支持 OpenCL 2.0(ROCm)，支持 OpenCL 1.1 规范推荐的 GL/CL 互操作接口
显示器	分辨率在 1024×768 以上的显示屏

推荐配置要求见表 2.2。

表 2.2 银河麒麟桌面操作系统 V10 推荐配置要求

配件	配置
处理器	ARM64：飞腾 FT-2000/4、飞腾 D2000、飞腾 D3000、鲲鹏 920、kirin 系列 MIPS64：3A4000 Loogarch64：3A5000、3A6000 X86_64：兆芯 ZX-C、ZX-C+、KX-5000、KX-6000、KX-7000 系列、海光 3 号、海光 C86-4G、Intel/AMD 在售 CPU
内存	16GB
存储	固态硬盘 256GB
系统固件	UEFI 安全启动、Legacy BIOS
TPM	支持 TPM2.0
显卡	支持 OpenGL 4.6，支持 OpenCL 2.0(ROCm)，支持 OpenCL 1.1 规范推荐的 GL/CL 互操作接口
显示器	分辨率在 1920×1080 以上的显示屏

知识拓展

2.1.4 其他国产操作系统

目前市场上主流的国产操作系统基本上都是在 Linux 基础上发展而来的，除本节介绍的银河麒麟操作系统以外，其他国产操作系统还有以下几种：

（1）深度操作系统（Deepin）。深度操作系统是由武汉深之度科技有限公司开发的一款基于 Linux 内核的开源操作系统，界面美观易用，并拥有丰富的软件仓库和应用商店。

（2）统信 UOS（统一操作系统）。统信 UOS 是由统信软件技术有限公司以深度操作系统为基础，经过定制而来的产品，主要面向企业和个人用户，旨在提供一个统一的操作系统平台，支持多种硬件架构。其采用了美观的用户界面，并且兼容大量常用软件。

（3）欧拉操作系统（OpenEuler）。OpenEuler 已经有十几年的历史，它的前身是基于 Linux 开发的服务器操作系统 EulerOS，最初由华为技术有限公司（以下简称"华为"）发起，主要应用于服务器边缘计算、云和嵌入式设备等，支持多样性计算，致力于提供安全、稳定、易用的操作系统。

麒麟软件有限公司旗下品牌除了银河麒麟之外还有中标麒麟操作系统、星光麒麟操作系统；华为旗下还发布了鸿蒙操作系统（Harmony OS），主要应用于智能终端、物联网终端和工业终端；其他国产操作系统还有普华操作系统、中兴新支点操作系统、中科方德桌面操作系统等 20 余种操作系统。

2.1.5 国产 CPU

随着国家对信息技术自主可控的重视，以及国内科技企业的不断努力，国产 CPU 在性能、功能、安全性等方面取得了长足进步。目前桌面与服务器芯片厂商主要有兆芯、海光、鲲鹏、飞腾、龙芯、申威。除此之外，还有华为面向桌面终端的麒麟 990 与麒麟

9006c 芯片。国产 CPU 架构如图 2.1 所示。

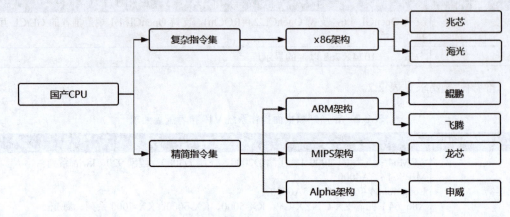

图 2.1　国产 CPU 架构

主流国产 CPU 简介

主流国产 CPU 有兆芯处理器、海光处理器、鲲鹏处理器、飞腾处理器、龙芯处理器、申威处理器等，详细内容请扫码阅读。

素质拓展

2.1.6　重器强国

麒麟软件有限公司主要面向通用和专用领域打造安全创新操作系统产品和相应解决方案，以安全可信操作系统技术为核心，现已形成以银河麒麟服务器操作系统、桌面操作系统、嵌入式操作系统、麒麟云、操作系统增值产品为代表的产品线。麒麟操作系统能全面支持飞腾、鲲鹏、龙芯等 6 款主流国产 CPU，根据赛迪顾问股份有限公司统计，麒麟软件有限公司旗下操作系统产品连续 12 年位列我国 Linux 市场占有率第一名。

麒麟软件有限公司注重核心技术创新，2018 年荣获"国家科技进步奖一等奖"。2020 年发布的银河麒麟操作系统 V10 被国务院国有资产监督管理委员会（简称"国资委"）评为"2020 年度央企十大国之重器"，相关新闻入选中央广播电视总台"2020 年度国内十大科技新闻"。2021 年麒麟操作系统入选央视《信物百年》纪录片，2022 年入选中华人民共和国工业和信息化部"2022 年国家技术创新示范企业"。2023 年发布的"开放麒麟1.0"被国资委评为"2023 年度央企十大国之重器"，麒麟软件有限公司技术中心被多部委共同认定为"国家企业技术中心分中心"，入选国资委"创建世界一流专精特新示范企业"。2024 年麒麟操作系统被中国国家博物馆收藏，这是中国国家博物馆收藏的第一款国产操作系统。

麒麟软件有限公司荣获"中国电力科学技术进步奖一等奖""水力发电科学技术奖一等奖""中国版权金奖·推广运用奖"等国家级、省部级和行业奖项 600 余个，并被授予"国家规划布局内重点软件企业""国家高技术产业化示范工程""科改示范行动企业""国有重点企业管理标杆创建行动标杆企业"等称号。通过能力成熟度模型集成（Capability Maturity Model Integration，CMMI）5 级评估，截至 2024 年，麒麟软件有限公司博士后工作站、省部级企业技术中心、省部级基础软件工程中心等，先后申请专利 891 项，其中授权专利 408 项，登记软件著作权 647 项，主持和参与起草国家、行业、联盟技术标准 70 余项，被国家知识产权局成功认定为"国家知识产权优势企业"。截至 2024 年 4 月 30 日，麒麟软件已与 23100 多家厂商建立合作，硬件适配数超 71 万项，软件适配数超 378 万项，总量超过 449 万项，生态适配官网累计注册用户数超 6.6 万人。

在开源建设方面，麒麟软件有限公司成立桌面操作系统根社区 openKylin，旨在以"共创"为核心，以"开源聚力、共创未来"为社区理念，在开源、自愿、平等、协作的基础上，通过开源、开放的方式与企业构建合作伙伴生态体系，共同打造桌面操作系统顶级社区，推动 Linux 开源技术及其软硬件生态繁荣发展。截至 2024 年 4 月 30 日，openKylin 社区用户数量超过 110 万，社区会员突破 450 家，开发者数量超 6200 人，创建 103 个特别兴趣组（Special Interest Group，SIG）。从 2022 年开始，openKylin 连续两年获评中国信息通信研究院"先进级可信开源社区"。此外，麒麟软件有限公司正式成为开放原子开源基金会白金捐赠人；作为 openEuler 开源社区发起者，以维护者身份承担 80 个项目，除华为技术有限公司外贡献第一；在 OpenStack 社区贡献位列国内第一、全球第三。

知识测试

1．麒麟操作系统的功能特点有哪些？
2．Linux 发行版有哪些？
3．为什么说发展国产操作系统对国家安全至关重要？

任务 2.2　进入桌面

任务描述

在深入了解了国产软硬件的魅力之后，又听闻老师提及麒麟操作系统在用户体验上与熟悉的安卓手机系统有许多相似之处，这让小琪备感兴趣。下面将学习麒麟操作系统的用户界面操作，迅速掌握其基本的使用技能，从而更加自如地驾驭这一国产操作系统。

相关知识

2.2.1　登录系统

启动计算机后进入麒麟操作系统登录界面，根据设置系统会默认选择自动登录或停留在登录窗口等待登录，如图 2.2 所示。

系统启动及桌面认识

图 2.2　登录界面

当启动系统后，系统会提示输入密码，即系统中已创建的用户名和密码。通常用户名和密码在系统安装时进行设置，选择登录用户后，输入正确的密码，单击"登录"按钮即可访问桌面，单击"隐藏 / 取消隐藏"按钮 ✍ 即可实现密码隐藏 / 显示。

2.2.2　桌面环境

桌面是登录后主要操作的屏幕区域。麒麟操作系统初始桌面（图 2.3）由图标、任务栏、桌面背景组成，默认放置了"计算机""回收站""主文件夹"3 个图标，双击即可打开。主文件夹是用户个人主目录。

图 2.3　初始界面

选中"计算机"图标，右击并选择"属性"，可以查看当前系统版本、内核版本、激活状态等相关信息，如图 2.4 所示。

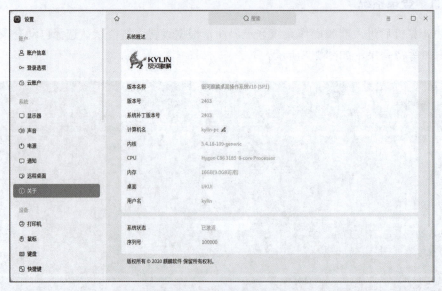

图 2.4　"系统概述"界面

在桌面空白处右击，调出桌面右键菜单，如图 2.5 所示，可简单快捷地执行部分操作，右键菜单说明见表 2.3。

图 2.5 桌面右键菜单

表 2.3 桌面右键菜单说明

选项	说明
在新窗口中打开	在新窗口打开当前指定的文件或目录
全选	全选当前目录的文件
新建	可新建文件夹、空文本、WPS 文件
视图类型	提供 4 种视图类型：小图标、中图标、大图标、超大图标
排列方式	提供多种排列图标的方式
粘贴	剪贴板为空或剪贴板中没有文件类内容（例如复制的是文本等）时，该选项通常为灰色不可用状态
刷新	刷新界面
打开终端	打开终端软件
设置背景	快捷打开"设置" > "个性化" > "背景"，可以进行背景的相关设置
显示设置	快捷打开"设置" > "系统" > "显示器"，可以进行显示器的相关设置

2.2.3 电源管理

电源管理是桌面操作系统最基本的功能，能够实现对当前桌面操作系统电源状态及当前账户状态的修改，包括休眠、睡眠、锁屏、注销、重启、关机，还可以在当前界面打开系统监视器。打开方式：单击"开始"按钮 > 选择"电源" ，如图 2.6 所示。

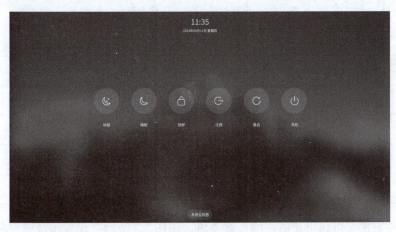

图 2.6 电源

窗口管理

2.2.4　排列图标

将鼠标悬停在应用图标上，按住鼠标左键不放，可将应用图标拖拽到指定的位置，松开鼠标左键释放图标。

桌面的图标大小可以进行调节，右击，选择"视图类型"，即可选择一个合适的图标大小：

- 小图标。
- 中图标（默认）。
- 大图标。
- 超大图标。

桌面上的图标可按照需要进行排序，右击，选择"排序方式"，系统提供如下 4 种排序方式：

- 选择"文件名称"，将按文件的名称顺序显示。
- 选择"修改日期"，将按最近一次的修改日期顺序显示。
- 选择"文件类型"，将按文件的类型顺序显示。
- 选择"文件大小"，将按文件的大小顺序显示。

2.2.5　任务栏

任务栏位于桌面底部，用于查看系统启动应用、系统托盘图标。任务栏默认放置"开始菜单""显示任务视图""文件管理器"等，见表 2.4。在任务栏可打开开始菜单，显示桌面，进入工作区，对应用程序进行打开、新建、关闭、强制退出等，还可以设置输入法、调节音量、连接网络、查看日历、进行搜索、进入关机界面等。

表 2.4　任务栏图标

图标	名称	描述
	"开始"按钮	启动"开始菜单"，查看系统应用
	显示任务视图	显示多任务视图，切换桌面工作区
	文件管理器	文件及文件夹管理
	软件商店	软件的搜索、下载及卸载
	搜索	创建索引来快速获取搜索结果
	键盘	切换键盘输入法 / 输入语言
	网络设置	设置网络连接
	侧边栏	系统通知中心，剪切板、小插件
	声音	调节声音大小
	蓝牙	打开、关闭蓝牙，设置蓝牙设备

在任务栏右击可以弹出任务栏的设置菜单，如图 2.7 所示，设置项及说明见表 2.5。

图 2.7 任务栏设置菜单

表 2.5 任务栏设置

设置	说明
显示"任务视图"按钮	设置任务栏是否显示"任务视图"按钮
显示桌面	设置是否显示桌面当前任务
系统监视器	打开系统监视器
调整大小	调整任务栏大小：小尺寸、中尺寸、大尺寸
调整位置	调整任务栏位置：上、下、左、右
隐藏任务栏	设置隐藏任务栏
锁定任务栏	固定任务栏的位置和大小，无法拖动调整
关于麒麟	打开关于麒麟

2.2.6 开始菜单

"开始菜单"是使用系统的"起点"，用于查看并管理系统中已安装的所有应用，在菜单中使用分类导航或搜索功能可以快速定位应用程序。

"开始菜单"有小窗口和大窗口两种模式，如图 2.8 和图 2.9 所示，单击"开始菜单"界面右上角的图标可切换模式。两种模式均支持搜索应用、设置快捷方式等操作。小窗口模式还支持快速打开文件管理器、控制中心和进入关机界面等功能。

开始菜单

图 2.8 小窗口模式

图 2.9   大窗口模式

在"开始菜单"中，可以使用鼠标滚轮或切换分类导航查找应用。如果已知应用名称，可直接在搜索框中输入应用名称或关键字快速定位。

对于已经创建了桌面快捷方式或固定到任务栏上的应用，可以通过以下途径来打开：

方法一：双击桌面图标，或右击桌面图标打开。

方法二：单击打开"开始菜单"后，直接单击应用图标打开。

方法三：直接单击任务栏上的应用图标，或右击任务栏上的应用图标打开。

2.2.7   安装和卸载

麒麟操作系统提供便捷的应用软件安装卸载方式，可根据需求自主进行安装卸载操作。

2.2.7.1   安装应用

1．软件商店

麒麟操作系统自带软件商店，可支持一键下载安装应用。软件商店是一款图形化软件管理工具，为用户提供软件的搜索、下载、安装、更新、卸载等一站式软件管理服务。软件商店作为软件分发平台，为用户推荐常用软件和高质量软件。每款上架的软件都有详细的软件介绍信息以供参考，可根据实际需要下载安装。

单击桌面左下角的"开始"按钮，可以通过鼠标上下滚动、搜索名称、按首字母查询、按类别查询"软件商店"，单击查找结果即可启动"软件商店"。可以在"开始菜单"右击"软件商店"进行多种选择，如图 2.10 所示。

（1）固定到所有应用。可将"软件商店"图标固定到"开始菜单"的软件排序前列。

（2）固定到任务栏。固定到任务栏后可直接单击桌面左下角任务栏中的"软件商店"快速打开。

（3）添加桌面快捷方式。添加桌面快捷方式后，可在

图 2.10   "开始菜单"

桌面上找到"软件商店"的图标快速打开。

2．安装器

麒麟操作系统提供图形化的安装器，支持单个或批量安装软件包。安装器用于用户在系统中以图形化方式安装或卸载".deb"格式的应用软件。详细内容请扫码阅读。

安装器介绍

2.2.7.2 卸载应用

对于不再使用的应用，可以通过集中卸载的方式节省硬盘空间。

（1）卸载通过软件商店安装的应用。

方法一：在"开始菜单"中，右击应用图标，选择"卸载"。

方法二：打开"软件商店"，单击"我的"，进入"应用卸载"，选择需要卸载的应用单击"卸载"即可。

（2）卸载通过安装器安装的应用。

方法一：通过"开始菜单"找到要卸载的软件右击选择"卸载"，弹出卸载界面。

方法二：通过终端输入命令（kylin-uninstaller + desktop 文件的路径）卸载，例如卸载360 安全浏览器，在终端输入：kylin-uninstaller/home/kylin/ 桌面 /browser360-cn.desktop。

注意：当应用正在运行的时候，软件不允许卸载；不允许同时卸载两个及以上的软件。

2.2.8 显示任务视图

通过显示任务视图可以切换任务视图和桌面工作区，可对桌面窗口进行分组管理。窗口管理器可以在不同的工作区内展示不同的窗口内容。

单击任务栏"显示任务视图"图标，可以打开任务视图窗口管理，选择对应任务窗口即可实现桌面窗口切换，选择对应工作区即可切换桌面，拖拽工作区窗口可以调整顺序，如图 2.11 所示。

图 2.11 显示任务视图

知识拓展

2.2.9　"休眠"和"睡眠"的区别

1．休眠

系统会自动将内存中的数据全部转存到硬盘上的一个休眠文件中，然后切断对所有设备的供电。这样当恢复的时候，系统会从硬盘上将休眠文件的内容直接读入内存，并恢复到休眠之前的状态。休眠唤醒需要使用电源键或休眠键。

2．睡眠

睡眠状态时，将切断除内存外其他配件的电源，工作状态的数据将保存在内存中，这样在重新唤醒电脑时，就可以快速恢复睡眠前的工作状态。如果需要短时间离开，那么可以使用睡眠功能。睡眠唤醒可使用键盘、鼠标及休眠键、电源键。

技能拓展

2.2.10　设置个性化

2.2.10.1　设置鼠标键盘

在"鼠标"设置中，对鼠标可以进行个性化需求设置，打开"设置"窗口，如图 2.12 所示。在"键盘"设置中，可进行键盘响应速度、键盘布局、添加输入法等相关设置，如图 2.13 和图 2.14 所示。

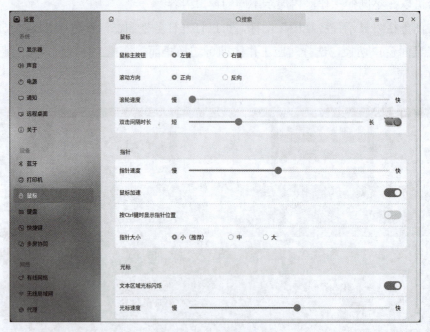

图 2.12　鼠标设置

2.2.10.2　设置外观

在外观"个性化"设置中，可进行背景、主题、锁屏、屏保、字体的相关设置。

1．背景

可以选择精美、时尚的壁纸来美化桌面，让计算机的显示与众不同。在桌面上右击选择"设置背景"打开桌面的"背景"设置，或选择"开始菜单">"设置">"个性化">

"背景"，如图 2.15 所示。预览系统自带的壁纸效果，选择"线上图片"可下载线上壁纸，单击选择某一壁纸后即可生效。还可以设置桌面背景的显示方式：填充、平铺、居中、拉伸、适应、跨区。

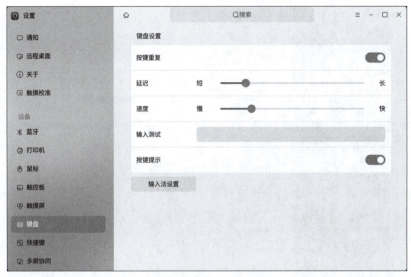

图 2.13　键盘设置

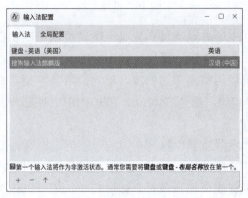

图 2.14　输入法配置

图 2.15　设置背景

2．主题

在桌面上右击选择"设置背景"，打开桌面的"主题"设置，或选择"开始菜单"＞"设置"＞"个性化"＞"主题"，如图2.16所示。

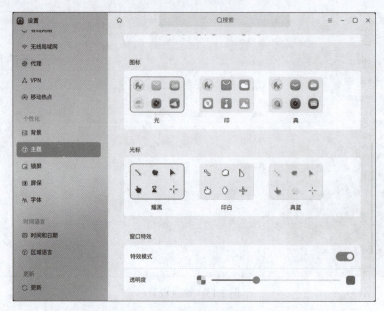

图2.16　设置主题

系统提供寻光、和印主题并且支持自定义主题，可以一键切换主题。此外，还可以设置窗口外观及强调色、图标、光标、窗口特效、壁纸、提示音。

打开"特效模式"可以调整窗口透明度，该功能对显卡型号有依赖，不支持的型号有景嘉微JM7201、慧荣SM750、慧荣SM768、709GP101、兆芯集显、龙芯集显。

3．锁屏

在桌面上右击选择"设置背景"打开桌面的"锁屏"设置，或选择"开始菜单"＞"设置"＞"个性化"＞"锁屏"，如图2.17所示。在提供的图像中选择任意的图像设为锁屏背景，也可以浏览本地图像或下载线上图片设置为锁屏背景，还可以设置是否显示锁屏壁纸在登录界面、激活屏保时锁定屏幕、设定锁屏的时间段。

图2.17　设置锁屏

4．屏保

屏幕保护程序可在本人离开计算机时防范他人访问并操作。在桌面上右击选择"设置背景"，在个性化菜单栏中选择"屏保"，或选择"开始菜单">"设置">"个性化">"屏保"，如图 2.18 所示。此界面可以设置是否显示休息时间、屏保样式和等待时间，待计算机无操作到达设置的等待时间后，系统将启动选择的屏幕保护程序。

图 2.18　设置屏保

5．字体

在桌面上右击选择"设置背景"打开桌面的"字体"设置，或选择"开始菜单">"设置">"个性化">"字体"，如图 2.19 所示。此界面可以设置字体大小、选择不同的字体、设置等宽字体。

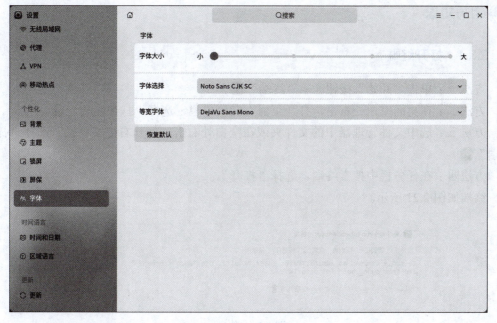

图 2.19　设置字体

技能测试

1. 打开多个窗口，显示桌面的方式有哪些，操作练习观察有哪些发现？

2. 使用快捷键能够帮助用户更快地操作计算机。常用的快捷键有哪些？练习使用图 2.20 中的快捷键。

Esc	取消
Alt	激活菜单栏
Alt+F4	关闭窗口
Alt+Tab	窗口之间的切换
Ctrl+Alt+Del	打开"Windows 任务管理器"
Ctrl+A	全选
Ctrl+X	剪切
Ctrl+C	复制
Ctrl+V	粘贴
Ctrl+Z	撤销
Windows	打开"开始"菜单
Windows+s	搜索
Windows+i	设置
Windows+d	显示桌面
Ctrl+<空格键>	中英文输入法切换
PrintScreen	复制当前屏幕图像到剪贴板中
Ctrl+PrintScreen	复制当前窗口、对话框或其他对象到剪贴板

图 2.20　常用快捷键

任务 2.3　使 用 终 端

任务描述

终端是麒麟操作系统使用系统命令操作的媒介，提供了在图形化界面下的字符系统窗口，用户通过在终端窗口键入系统指令可以与系统进行交互，提高工作效率。为了能够更加熟练地运用麒麟操作系统，小琪首先学习终端的使用方法和配置技巧，为以后学习掌握更多的常用命令打下坚实的基础。

相关知识

2.3.1　打开终端

方法一：单击"开始"按钮 > "终端" 。
方法二：在桌面空白处右击，打开桌面右键菜单栏，选择"打开终端" 。
方法三：选中文件管理器中的文件夹或在空白处右击，打开右键菜单栏，选择"打开终端" 。
方法四：在任务栏中搜索终端，选择"打开"。
终端如图 2.21 所示。

打开终端

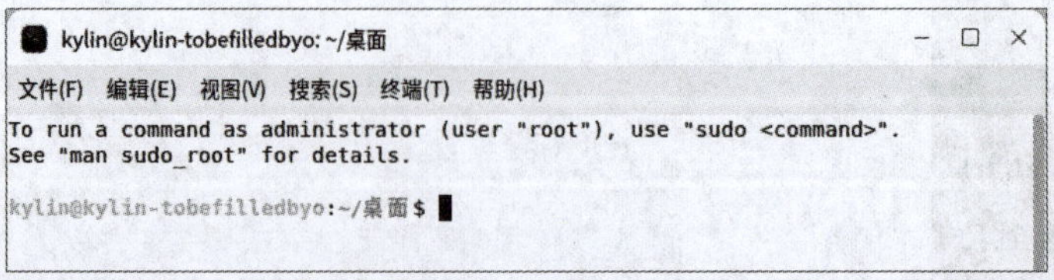

kylin@kylin-tobefilledbyo: ~/桌面

文件(F)　编辑(E)　视图(V)　搜索(S)　终端(T)　帮助(H)
To run a command as administrator (user "root"), use "sudo <command>".
See "man sudo_root" for details.

kylin@kylin-tobefilledbyo:~/桌面 $

图 2.21　终端

2.3.2 基本操作

打开终端后，根据当前的用户权限，可在终端窗口使用键盘直接输入相应的系统命令并且按 Enter 键，终端会根据指令判断并输出相应提示，可同时打开多个终端窗口进行操作。

终端提供的基本功能如下：

- 字符系统。
- 执行各种命令、脚本。
- 使用仅在终端运行的应用 / 服务。

操作窗口以上图 2.21 所示为例，kylin@kylin-tobefilledbyo:~/ 桌面 $，其中含义如下：

- **kylin**：登录系统的用户名。
- **kylin-tobefilledbyo**：计算机名。
- **~/ 桌面**：当前打开终端的路径。
- **$**: 当前用户权限为普通用户。

知识拓展

2.3.3 终端快捷键

终端快捷键见表 2.6。

表 2.6　终端快捷键

快捷键	功能
Ctrl+Alt+T	打开新终端窗口
Ctrl+Shift+T	在终端窗口中打开新标签页
Ctrl+D	关闭当前窗口 / 标签页
F11	全屏显示 / 退出全屏

2.3.4 高级设置

高级设置可通过终端菜单栏选项配置，菜单栏详细功能说明见 "2.3.5 菜单栏" 小节。

2.4.4.1　单项设置

单项设置仅对当前窗口产生影响，窗口关闭后立即失效。

1．窗口标题

选择菜单栏上的 "终端" > "设置标题"，即可修改终端窗口的名称，如图 2.22 所示。

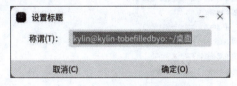

图 2.22　设置终端窗口标题

2．字符编码

字符编码也称字集码，是把字符集中的字符编码作为指定集合中的某一对象，以便文本在计算机中显示和传递。

选择菜单栏上的 "终端" > "设定字符编码"，可对编码进行调整，如图 2.23 所示。

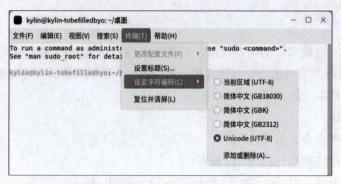

图 2.23　设定字符编码

选择"添加或删除"后可看到更多的编码选项，如图 2.24 所示。

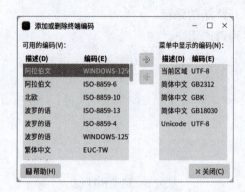

图 2.24　更多编码

3．调整窗口大小

选择菜单栏上的"视图"，可设置当前窗口全屏、放大、缩小。此处的放大 / 缩小，会连带着窗口中的文本一起放大 / 缩小。

2.4.4.2　配置文件

配置文件中的设置是永久生效的，并适用于所有新建窗口。各应用自带了 Default 配置文件。可通过"编辑"＞"配置文件首选项"修改配置，如图 2.25 所示。

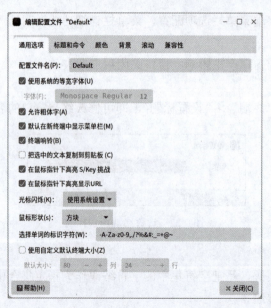

图 2.25　配置文件

也可通过"文件">"新建配置文件"，或"编辑">"配置文件"，基于某个配置文件
创建新配置，如图 2.26 所示。

图 2.26　新建配置

2.3.5　菜单栏

终端顶部菜单栏功能说明见表 2.7。

表 2.7　终端顶部菜单栏功能说明

一级菜单	二级菜单	描述
文件	打开终端	打开新的终端窗口
	打开标签	在当前终端窗口打开新的标签页
	新建配置文件	创建新的配置文件名称
	关闭标签页	关闭当前标签
	关闭窗口	关闭终端
编辑	复制	复制内容
	粘贴	将复制内容粘贴至光标处
	全选	选择终端内全部内容
	配置文件	查看配置文件列表，可对配置文件进行管理
	键盘快捷键	配置是否启用所有菜单访问键、是否启用菜单快捷键，查看各个操作对应的快捷键
	配置文件首选项	管理终端相应配置，包括通用设置、标题命令、颜色、背景、滚动条、兼容性设置
视图	显示菜单栏	是否显示顶部菜单
	全屏	是否全屏展示
	放大	放大终端窗口
	缩小	缩小终端窗口
	正常大小	窗体恢复为原来大小
搜索	查找	按关键字进行检索
	查找下一个	检索下一条内容
	查找上一个	检索上一条内容
终端	更改配置文件	切换为其他设定的配置文件
	设置标题	修改终端顶部标题文字
	设定字符编码	切换终端内容编码格式
	复位并清屏	恢复初始位置并清空终端内容
帮助	—	查看系统手册和软件说明

2.3.6　终端常用命令

终端是 Linux 中的 Shell，也就是命令行环境。Shell 是一个接收键盘命令并将其传递给操作系统来执行的程序，即用户和系统内核之间交互的接口。终端命令区分大小字母。

2.3.6.1　认识系统目录

麒麟操作系统是以分层目录结构来组织文件的。也就是说，系统文件是以树形结构目录进行组织的。该树形目录结构包含文件和其他目录，文件系统的最高目录称为根目录，使用 "/" 来表示。在根目录下存在若干子目录，子目录下又有子目录和文件，以此类推，如图 2.27 所示。

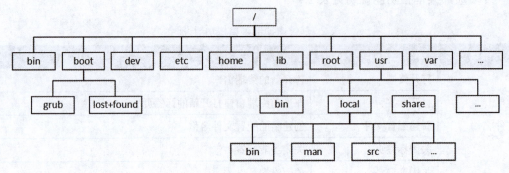

图 2.27　系统目录

在安装麒麟操作系统时，系统会建立一些默认的目录，每个目录都有其特殊的功能，这些目录的简介见表 2.8。

表 2.8　系统目录简介

目录	说明
/	Linux 文件的最上层根目录
/bin	binary 的缩写，存放用户的可运行程序，如 ls、cp 等，也包括其他 Shell，如 bash 和 csh 等
/boot	该目录存放操作系统启动时所需的文件及系统的内核文件
/dev	接口设备文件目录，例如 hda 表示第一个电子集成驱动器（Integrated Drive Electronics，IDE）硬盘
/etc	该目录存放有关系统设置与管理的文件
/home	普通用户的主目录，或文件传输协议（File Transfer Protocol，FTP）站点目录
/lib	仅包含运行 /bin 和 /sbin 目录中的二进制文件时所需的共享函数库（library）
/mnt	各项设备的文件系统安装点（mount）
/media	光盘、软盘等设备的挂载点
/opt	第三方应用程序的安装目录
/proc	目前系统内核与程序运行的信息，和使用 ps 命令看到的内容相同
/root	超级用户的主目录
/sbin	system binary 的缩写，该目录存入的是系统启动时所需运行的程序，如 lilo 和 swapon 等
/tmp	临时文件的存放位置
/usr	存入用户使用的系统命令和应用程序等信息
/var	variable 的缩写，具有变动性质的相关程序目录，如 log、spool 和 named 等

2.3.6.2　常用命令

1．pwd 命令

pwd 命令用于显示用户当前所在的目录，如图 2.28 所示。登录的用户不同，用户所处的工作目录也不同。

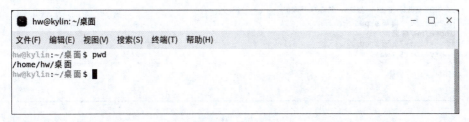

图 2.28　pwd 命令

2．ls 命令

ls 命令用来列出文件或目录信息。

命令语法：ls [选项] [目录或文件]

ls 命令的常用选项如下：

-a：显示所有文件，包括以"."开头的隐藏文件。

-A：显示指定目录下所有的子目录及文件，包括隐藏文件，但不显示"."和".."。

-c：按文件的修改时间排序。

-C：分成多列显示各行。

-d：如果选项是目录，则只显示其名称而不显示其下的各个文件。该选项往往与"-l"选项一起使用，以得到目录的详细信息。

-l：以长格形式显示文件的详细信息。

ls 命令如图 2.29 所示。

图 2.29　ls 命令

3．cd 命令

用户在登录系统后，会处于用户的家目录中，该目录一般以 /home 开始，后跟用户名，这个目录就是用户的初始登录目录。cd 命令用来在不同的目录中进行切换。如果用户想切换到其他的目录中，就可以使用 cd 命令，后跟想要切换的目录路径。

（1）绝对路径。路径分为绝对路径和相对路径两种，绝对路径是从根目录（/）开始的，其后接着一个个的文件分支，直至到达目标目录或文件。例如，"/home/hw/ 桌面"就是从根目录（/）开始，经过其子目录 home，在 home 中还有一个子目录 hw 和"桌面"。hw 是用户目录，在创建用户 hw 时，会在 home 目录下自动创建用户目录 hw。如果想要将当前目录切换为根目录，可以执行如下命令，运行结果如图 2.30 所示。

```
hw@kylin:~/ 桌面 $ cd /
hw@kylin:/ $
```

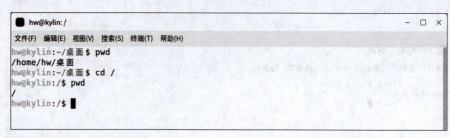

图 2.30　cd 命令

（2）相对路径。相对路径和绝对路径不同，绝对路径是从根目录开始通向目标路径的；相对路径是从当前工作目录开始，相对当前目录的路径。为了实现这个目的，通常使用一些特殊符号来表示文件系统中的相对位置，这些特殊符号是"."和".."。其中，"."表示当前目录，".."表示当前工作目录的上一级目录，"~"代表用户的个人家目录。

绝对路径示例如下，运行结果如图 2.31 所示。

```
hw@kylin:/$  cd  /home/hw/ 桌面
hw@kylin:~/ 桌面 $ pwd
/home/kylin/ 桌面
```

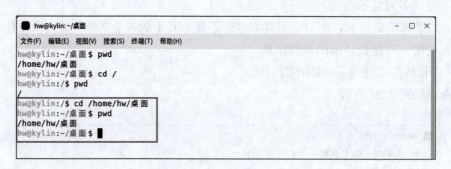

图 2.31　绝对路径

相对路径示例如下，运行结果如图 2.32 所示。

```
hw@kylin:~/ 桌面 $ cd ..
hw@kylin:~$  pwd
/home/hw
```

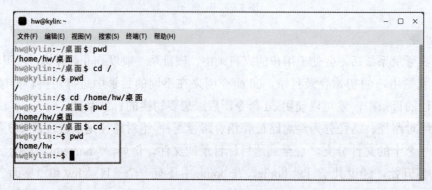

图 2.32　相对路径

可以看到，切换到 "/home/hw/ 桌面" 后，输入 "cd .." 命令，当前目录回到了 "/home/hw"，这正是 "/home/hw/ 桌面" 的上一级目录，也就是其父目录，而 "/home/hw/ 桌面" 称为 "/home/hw" 的子目录。

2.3.6.3 其他简单命令

1. 帮助命令

（1）man 命令。

命令语法：man [命令]

【示例】显示 ls 命令的帮助信息，运行结果如图 2.33、图 2.34 所示。

man ls

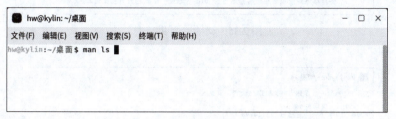

图 2.33 man 命令

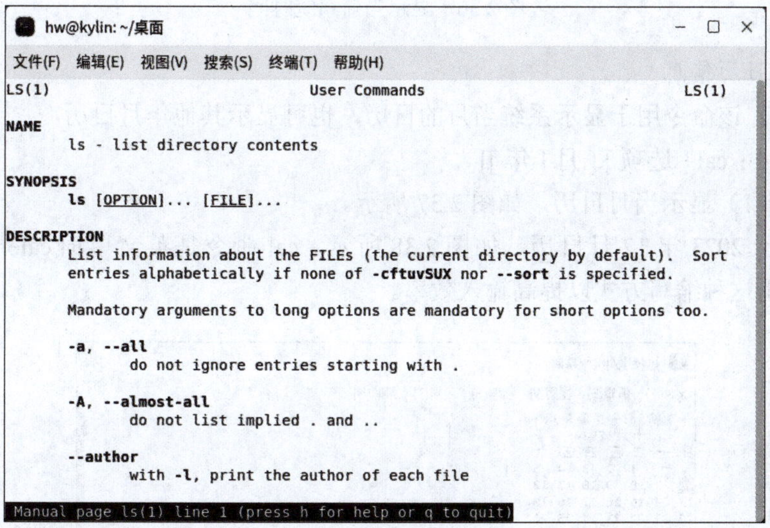

图 2.34 ls 的 man 手册信息

（2）help 命令。使用 help 命令可以查找 Shell 命令的用法，在所查找的命令后输入 help 命令，然后就可以看到所查命令的内容了。

命令语法：[命令] --help

【示例】显示 cd 命令的帮助信息，运行结果如图 2.35 所示。

cd --help

2. 显示系统时间

date 命令。该命令用于显示当前系统的时间和日期。

命令语法：date [选项] [显示时间格式]

【示例】显示当前系统时间，如图 2.36 所示。

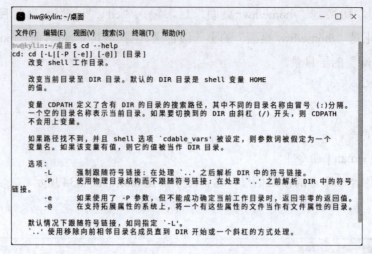

图 2.35　cd 命令帮助信息

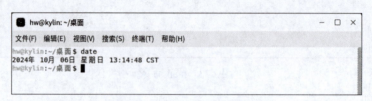

图 2.36　显示当前系统时间

3．显示日历信息

cal 命令。该命令用于显示系统当月的日历，也可显示其他年月日历。

命令语法：cal [选项] [月 [年]]

【示例】（1）显示当月日历，如图 2.37 所示。

（2）显示 2023 年 12 月日历，如图 2.38 所示。cal 命令是英文单词 calendar 的缩写，很多命令采用这种缩写方式以提高输入效率。

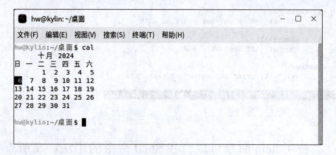

图 2.37　显示当月日历

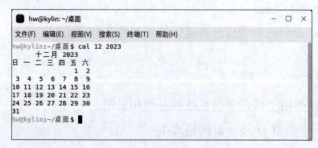

图 2.38　显示 2023 年 12 月日历

4．切换界面

在桌面环境按下快捷键 Ctrl+Alt+F1 切换到虚拟控制台（终端），系统默认提供了 6 个虚拟控制台，每个虚拟控制台可以独立使用，使用快捷键 Ctrl+Alt+F1 ～ Ctrl+Alt+F6 进行虚拟控制台之间的切换。

虚拟控制台环境下按下快捷键 Ctrl+Alt+F7 可以切换回图形用户界面，前提是系统安装了图形用户界面，并且图形用户界面处于运行状态。如果系统没有安装图形用户界面，那么按下快捷键后会进入字符登录界面。此时在 "login:" 后输入用户名，按下 Enter 键，会提示输入密码，从安全的角度考虑，这时输入密码是不会显示任何字符的，这也是从安全的角度考虑，输入密码后按 Enter 键即可。

5．关闭终端

除了直接关闭终端窗口外，还可在 Shell 提示符下输入 exit 命令，或按下快捷键 Ctrl+D，都可以结束终端会话。

6．重启系统

在终端执行 shutdown -r now 命令，系统会立刻重启。

7．关闭系统

在终端执行 shutdown -h now 命令，系统会立刻关机。注意，重启和关机命令仅仅是命令中的一个字母不同。

技能测试

1．查询当前目录路径，转到家目录下，查看家目录下有哪些目录及文件。

2．调整终端字体为 12 号。

3．简述什么是绝对路径，什么是相对路径，它们有什么区别？在终端使用，并举例说明。

4．查询并在终端使用 shutdown、halt、reboot 及 init 命令，进行重启或关闭电脑。

任务 2.4　管理文件夹和文件

任务描述

小琪体会到，在麒麟操作系统下精通终端命令能够显著提升工作效率。在日常办公中，创建文件夹和文件是一项常规且频繁的任务。那么，都有哪些便捷的方法可以用来创建文件夹和文件呢？而在终端操作中，又有哪些核心命令是用户应该熟练掌握的呢？掌握这些终端命令，小琪将能够在麒麟操作系统中游刃有余地进行文件管理，从而在日常工作中更加得心应手。

相关知识

2.4.1　创建文件夹和文件

文件夹可以帮助收纳整理的资料，包含桌面应用、文件及文件夹等。在桌面可直接新建文件 / 文件夹，也可以对文件 / 文件夹进行常规的复制、粘贴、重命名、删除等操作。

在桌面右击，选择 "新建"，选择新建文件类型或新建文件夹，输入新建文件 / 文件夹的名称。

在桌面文件或文件夹上右击，可以使用文件管理器的相关功能，见表 2.9。

表 2.9　文件管理器

名称	描述
打开	打开文件 / 文件夹
打开方式	选定系统默认打开方式，也可以选择其他关联应用程序来打开
反选	反向选择桌面文件 / 文件夹
复制	复制文件或文件夹
剪切	移动文件或文件夹
删除到回收站	删除文件或文件夹到回收站
重命名	重命名文件或文件夹
发送到手机助手	发送文件至手机助手
发送到移动设备	发送文件至选择的移动设备中
压缩	压缩文件 / 文件夹
解压到此处	解压到相同目录下
解压到	解压到选择的目录下
病毒扫描	打开安全中心对文件 / 文件夹扫描病毒
图片打印	文件为图片时支持选择打印机打印图片
属性	查看文件或文件夹的基本信息、共享方式及其权限

2.4.2　创建文件夹和文件命令

2.4.2.1　创建文件夹命令

mkdir 命令。该命令用于创建一个目录。

命令语法：mkdir［选项］［目录名］

上述目录名可以是相对路径，也可以是绝对路径。创建多级目录时，如果父目录不存在，则可以通过常用选项" -p"，同时创建该目录及该目录的父目录。

【示例】（1）在当前目录下创建目录 dir1。

（2）在当前目录的 mydir 目录下创建子目录 subdir，如果 mydir 目录不存在则自动创建。

（3）在当前目录下同时创建 dir2 和 dir3。

运行结果如图 2.39 所示。

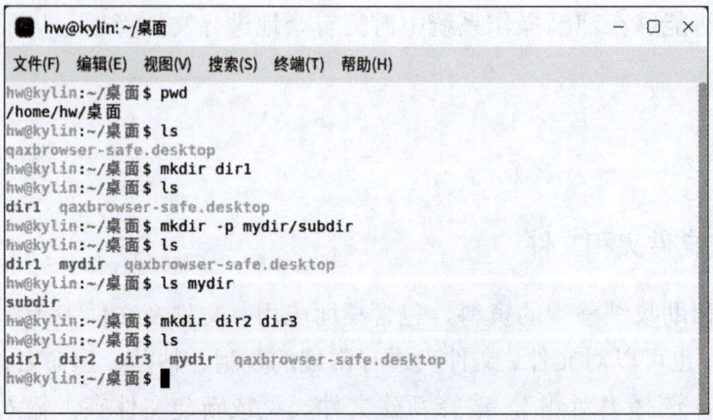

图 2.39　创建目录

2.4.2.2　创建文件命令

touch 命令。该命令用于建立文件或更新文件的修改日期。

命令语法：touch［选项］［文件名或目录名］

【示例】（1）在当前目录下创建文件 a1。

（2）在 dir1 目录下创建文件 file1。

（3）在当前目录的 mydir 目录下同时创建文件 file2、file3。

运行结果如图 2.40 所示。

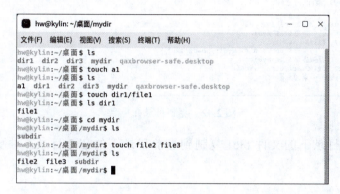

图 2.40　创建文件

touch 命令的常用选项如下：

-d yyyymmdd：把文件的存取或修改时间改为 yyyy 年 mm 月 dd 日。

-a：只把文件的存取时间改为当前时间。

-m：只把文件的修改时间改为当前时间。

（4）将 file1 文件的存取和修改日期改为 2024 年 8 月 5 日，如图 2.41 所示。

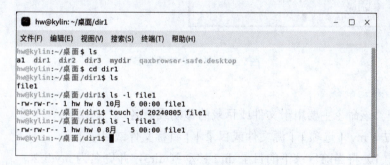

图 2.41　更改文件修订日期

🔗 知识拓展

2.4.3　复制、移动、删除文件夹和文件命令

2.4.3.1　复制命令

cp 命令。该命令主要用于文件或目录的复制及更名。

命令语法：cp［选项］［源文件］［目标文件］

cp 命令的常用选项如下：

-a：尽可能将文件状态、权限等属性按照原状予以复制。

-f：如果目标文件或目录存在，先删除它们再进行复制（即覆盖），并且不提示用户。

-i：如果目标文件或目录存在，则提示是否覆盖已有的文件。

-R：递归复制目录，即包含目录下的各级子目录。

-r：递归持续复制，用于目录的复制行为。

-p：连同文件的属性一起复制过去，而非使用预设属性。

【示例】（1）将当前目录下的 dir1 目录复制到 mydir，并更名为 newdir1，如图 2.42 所示。

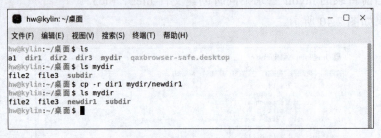

图 2.42　复制目录并更名

（2）将 dir1 目录下的文件 file1 复制到当前目录下的 dir2 目录，并更名为 newfile1，如图 2.43 所示。

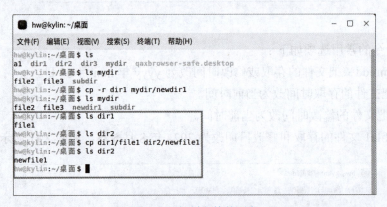

图 2.43　复制文件并更名

2.4.3.2　移动命令

mv 命令。该命令主要用于文件或目录的移动或更名。

命令语法：mv [选项] [源文件或目录] [目标文件或目录]

【示例】（1）将当前目录下的目录 dir2 移动到 dir3，并更名为 mydir2。

（2）将当前目录下的文件 a1 更名为 myfile。

运行结果如图 2.44 所示。

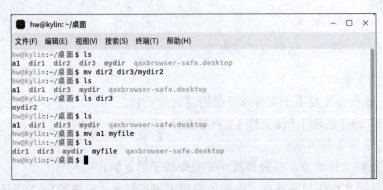

图 2.44　移动目录及文件

2.4.3.3　删除命令

1．rmdir 命令

rmdir 命令用于删除空目录，但无法删除非空目录。

命令语法：rmdir［选项］［目录名］

所删除的目录必须为空目录，加选项"-p"可以从最后一级空目录向上级目录删除，直至目录非空，目录名可以是相对路径，也可以是绝对路径。

【示例】（1）在当前目录下创建目录 d1 和 d2；在 d1 下创建文件 f1。

（2）删除当前目录下的目录 d1。

（3）删除当前目录下的目录 d2。

运行结果如图 2.45 所示。

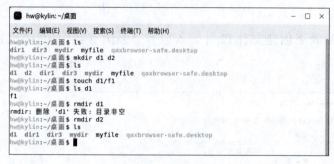

图 2.45　删除空目录

可以看到，d1 目录下有文件 f1，是非空目录，无法用此命令直接删除非空目录。

2．rm 命令

rm 命令主要用于文件或目录的删除，可以删除非空目录。

命令语法：rm［选项］［文件名或目录名］

rm 命令的常用选项如下：

-i：删除文件或目录时提示用户。

-f：删除文件或目录时不提示用户。

-R：递归删除目录，即包含目录下的文件和各级子目录。

【示例】（1）删除当前目录下的目录 d1。

（2）删除当前目录下的文件 myfile。

运行结果如图 2.46 所示。

图 2.46　删除目录及文件

 **技能拓展**

2.4.4　浏览文件类命令

1．cat 命令

cat 命令主要用于滚屏显示文件内容或将多个文件合并成一个文件。

命令语法：cat [选项] [文件名]

【示例】（1）在当前目录下创建文件 f1，输入内容"爱我中华"，并浏览 f1 文件内容，如图 2.47 所示。

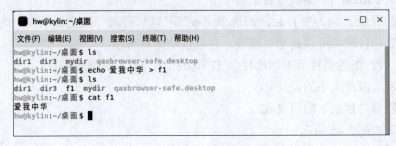

图 2.47　输出内容"爱我中华"

（2）在当前目录下创建文件 f2 并输入内容"强国有我"，并浏览 f2 文件内容，如图 2.48 所示。

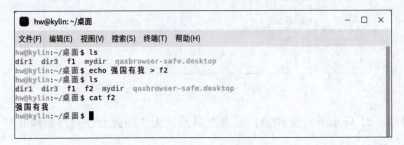

图 2.48　输出内容"强国有我"

（3）将文件 f1 和 f2 的内容合并到文件 f3 中，并浏览 f3 文件内容；将文件 f1 和 f2 的内容追加到文件 f3 中，并浏览 f3 文件内容，如图 2.49 所示。

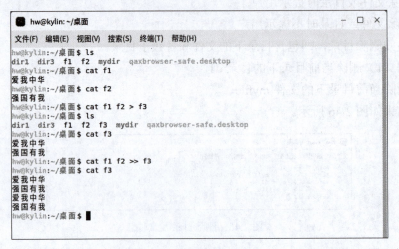

图 2.49　输出及追加内容

可以看到 cat 命令可以将内容输入到文件 f1 和 f2 中，当 f1 和 f2 不存在时会自动创建文件，若 f1 和 f2 存在，则覆盖文件内容。若 f3 不存在，则自动创建 f3，并将 2 个文件 f1、f2 的内容合并到文件 f3 中；若 f3 存在，则覆盖 f3 文件内容。">>"将追加内容置在文档尾部。

2．more 命令

当文件太长时，使用 cat 命令则用户只能看到文件的最后一部分。这时可以使用 more 命令，一页一页地分屏显示文件的内容。

命令语法：more［选项］［文件名］

more 命令的常用参数选项如下：

-num：num 是一个数字，用来指定分页显示时每页的行数。示例如下：

```
more -2 /etc/passwd
```

+num：指定从文件的第 num 行开始显示。示例如下：

```
more +5 /etc/services
```

在浏览文件的过程中按 Enter 键可以向下移动一行，按 Space 键可以向下移动一页；按 B 键返回显示；按 Q 键可以退出 more 命令。无法使用上下方向键翻页。

3．less 命令

less 命令与 more 命令在浏览文件时的用法相似，是 more 命令的改进版，比 more 命令的功能强大。less 命令可以用光标键向前、后、左、右移动。

less 命令还支持在一个文本文件中进行快速查找：先按下斜杠键（/），再输入要查找的单词或字符。less 命令会在文本文件中进行快速查找，并把找到的第一个搜索目标高亮度显示。如果希望继续查找，就再次按下斜杠键（/），再按 Enter 键即可。

4．head 命令

head 命令用于显示文件的开头部分，默认情况下只显示文件的前 10 行内容。

命令语法：head［选项］［文件名］

head 命令的常用选项如下：

-n num：显示指定文件的前 num 行。示例如下：

```
head -n 3 /etc/passwd
```

-c num：显示指定文件的前 num 个字符。示例如下：

```
head -c 100 /etc/passwd
```

5．tail 命令

tail 命令用于显示文件的末尾部分，默认情况下只显示文件的末尾 10 行内容。

命令语法：tail［选项］［文件名］

tail 命令的常用选项如下：

-n num：显示指定文件的末尾 num 行。示例如下：

```
tail -n 3 /etc/passwd
```

-c num：显示指定文件的末尾 num 个字符。示例如下：

```
tail -c 100 /etc/passwd
```

+num：从第 num 行开始显示指定文件的内容。示例如下：

```
tail +3 /etc/passwd
```

技能测试

1. 查看当前目录路径，转到 /home 目录，再次查看当前目录路径；转到当前用户家目录，试试可以有哪几种方法？

2．在当前用户家目录下操作：

（1）创建一个目录，目录名为你的姓名。

（2）创建文件名为"练习 1"，输入的内容为你的姓名、班级、专业；创建文件名为"练习 2"，输入的内容为你的家庭住址。

（3）将"练习 1""练习 2"合并为一个新文件，文件名为"我的信息"。

（4）将文件"我的信息"复制到以你姓名命名的文件夹中。

（5）创建目录，名称为"习题"，将"练习 2"移入"习题"。

（6）删除文件"练习 1"，删除目录"习题"。

项目 3　应用麒麟网络

项目导读

计算机只要连接上互联网就可以提供一个巨大的信息库，人们可以快速地获取新闻、知识、教育资源等。计算机网络影响着人们的工作方式、学习方式、交流方式以及日常生活的方方面面。随着技术的不断进步，网络的重要性只会继续增长。麒麟操作系统提供了非常方便的网络连接功能，用户只需进行简单的设置即可连接网络。另外，麒麟操作系统自带了奇安信可信浏览器和很多网络应用程序，方便用户上网浏览和工作。

因此，本书设计了计算机网络技术应用项目，旨在帮助初学者快速掌握麒麟操作系统的基本网络技术和应用技能，进而通过对网络基本内容进行操作，实现将计算机连接到网络上，使用各种网络工具和服务来增强学习、工作和生活的效率。下面将会介绍如何配置网络连接、设置网络参数，以及如何使用浏览器和其他网络应用程序来上传下载文件、进行远程控制等技能操作。

教学目标

知识目标

- 理解网络基本概念及基本组成部分，熟悉麒麟操作系统中的网络管理工具和设置选项，掌握网络连接原理，以及如何在麒麟操作系统中建立和管理这些连接。
- 掌握浏览器的基本功能和使用方法。
- 学习常用的文件传输协议，了解其工作原理及应用场景。
- 理解远程桌面控制的基本概念，熟悉麒麟操作系统中的远程桌面客户端工具及其使用方法。

技能目标

- 掌握配置网络连接的方法。
- 学会使用麒麟操作系统自带的浏览器进行安全上网。
- 掌握使用麒麟操作系统自带的 FTP 客户端进行文件传输的方法。
- 掌握使用远程桌面客户端远程桌面连接的方法，能够进行远程技术支持、远程办公等操作。

素质目标

- 培养信息化意识，使学生认识到信息技术在现代生活中的重要性，激发对网络技术的兴趣和热情，培养用信息技术来解决问题、提高对信息技术的应用能力。
- 引导学生主动探索麒麟操作系统及其网络功能，培养自我学习和终身学习的习惯。
- 培养学生珍视网络资源、倡导信息安全、维护个人隐私以及遵守法律法规的意识。
- 引导学生遵循职业道德，注重个人操守和专业责任，以保障网络应用程序的安全、稳定和可靠运行。

♥ 感受国产技术的飞速发展，使学生对我国自主开发的软件有着深刻的认知和坚定的认可。

项目情景 ▶

　　小琪是一名高职大一新生，加入了一个跨专业的科研小组，小组成员需要频繁地共享资料、协同编辑文档，并进行远程讨论。小组的工作基地——创客工作室，已经全面部署了基于国产麒麟操作系统的计算机。面对这一全新且富有挑战的平台，小琪和他的团队需要掌握一系列技能，以充分利用麒麟操作系统的优势，构建一个既安全又高效的内部网络资源共享平台。

任务 3.1 网络连接

🔍 任务描述

　　为了实现小组成员之间资料的高效共享与协同工作，需要建立一个既安全又便于使用的内部网络环境。小琪和团队成员首要任务是确保工作室内的麒麟系统计算机都能稳定、安全地接入互联网。

💬 相关知识

3.1.1　计算机网络的概念

　　计算机网络就是把分布在不同地理区域的计算机或专门的外部设备（如手机）用通信线路（包括有线和无线的线路）互联成一个规模大、功能强的系统，从而使众多的计算机可以方便地互相传递信息，共享硬件、软件、数据信息等资源。

3.1.2　计算机网络的组成

计算机网络的组成

　　一个完整的计算机网络主要由硬件、软件和协议 3 大部分组成，缺一不可。

　　在计算机网络的世界中，硬件是构成网络骨架的基础元素。这些硬件组件共同协作，确保数据能够高效、准确地在网络中传输。其中，主机（或称为端系统）作为网络中的核心设备，承担着数据的产生、处理、存储和发送的重要职责。它们可以是个人计算机、服务器、工作站等，为用户提供各种网络服务和应用功能。详细内容请扫码阅读。

3.1.3　计算机网络的类型

计算机网络的类型

　　计算机网络的类型可以按不同的标准进行划分。详细内容请扫码阅读。

3.1.4　计算机网络的功能

计算机网络的功能主要包括以下几个方面。

1. 资源共享的宝库

计算机网络就像一个巨大的宝库，连接着各种各样的资源，如音乐、电影、书籍、软件、游戏等。在家里、学校或任何有网络的地方，用户可随时访问这些资源，与朋友们分享或下载到自己的设备上。

2．信息传递的桥梁

有了计算机网络，用户可以轻松地与远方的朋友、家人或同事交流。用户也可以通过社交媒体分享生活点滴、通过视频通话进行面对面的交流。无论身处何地，网络都能传递信息，让沟通变得更加简单。

3．工作学习的助手

计算机网络不仅可以查找资料、下载学习材料，还可以让用户参加在线课程、参与远程会议或进行在线考试。无论在家自学还是在学校上课，网络都能提供丰富的学习资源和便利的学习环境。

4．娱乐休闲的乐园

计算机网络也是一个充满乐趣的乐园。用户可以在线观看电影、听音乐、玩游戏，还可以参与各种网络社区和论坛，与志同道合的人交流兴趣爱好。网络让休闲时间更加丰富多彩。

5．生活服务的便捷工具

通过计算机网络，用户可以进行在线购物、在线支付、在线预约等服务，还可以查看天气预报、交通信息、新闻资讯等实用信息，让生活变得更加便捷和高效。

总之，计算机网络功能丰富多样，不仅为人们提供了便捷的资源共享和数据通信手段，还通过提高性能、均衡负荷和分布式处理等方式，确保了系统的可靠性和可用性，同时为人们提供了全面的综合信息服务。

3.1.5　IP 地址

IP 地址主要分为两大类：互联网协议第 4 版（Internet Protocol Version 4，IPv4）和互联网协议第 6 版（Internet Protocol Version 6，IPv6），本任务主要介绍 IPV4。简单来说，IP 地址就是网络设备的"身份证号"。它是一串数字，用于在网络中唯一标识每一台设备。它由 32 位二进制数组成，被分为 4 个部分，每部分包含 8 位二进制数，例如一个 IP 地址的二进制表示可能如下所示：

11000000 . 10101000 . 01101110 . 00000001

什么是 IP 地址

为了更方便地表示和记忆 IP 地址，通常采用点分十进制表示法。在这种表示法中，每个 8 位二进制数被转换为一个十进制数，并用点号（.）分隔这 4 个十进制数。以上面的二进制 IP 地址为例，它对应的点分十进制表示如下：

192.168.110.1

这里，每个十进制数（192、168、110、1）都是对应 8 位二进制数转换而来的。这种表示方式不仅更加直观，而且极大地简化了 IP 地址的记忆和使用。

3.1.6　子网掩码

子网掩码，又称网络掩码或地址掩码，用于指明一个 IP 地址的哪些位标识的是主机所在的网络，以及哪些位标识的是主机的位掩码。子网掩码同样由 32 位二进制数组成，但与 IP 地址不同的是，它必须是由连续的 1 和连续的 0 两部分组成的，将对应的 IP 地址分成了两部分：其中，全 1 部分对应的 IP 地址表示网络地址部分，而全 0 部分对应的 IP 地址表示主机地址部分。

子网掩码介绍

例如，一个常见的子网掩码的二进制表示如下：

11111111 . 11111111 . 11111111 . 00000000

转换为点分十进制表示法，即：

255　.　255　.　255　.　0

在这个例子中，前 24 位为 1，表示网络地址部分；后 8 位为 0，表示主机地址部分。但子网掩码不能单独存在，必须与 IP 地址一同使用。假设有一个 IP 地址为 192.168.110.1，利用子网掩码可以获知 192.168.110.1 前 24 位为网络位，也就是这个 IP 地址在 92.168.110.0 这个网络段中，主机地址的范围通常是 192.168.110.1 ～ 192.168.110.254（其中 192.168.110.0 是网络地址，192.168.110.255 是广播地址），而 192.168.110.1 就是这个网段中的其中一个主机。

IP 地址：192.168.110.1 = 11000000 .10101000.01101110.00000001（二进制）。

子网掩码：255.255.255.0 = 11111111 .11111111 .11111111.00000000（二进制）。

网络地址：192.168.110.0 = 11000000 .10101000.01101110.00000000（二进制）。

3.1.7　网关

网关介绍

网络位相同的 IP 地址属于同一个网段。例如，子网掩码均为 255.255.255.0，那么 192.168.110.1、192.168.110.2 和 192.168.110.3 等这类地址就是同一个网段，因为他们的网络位都是 192.168.110.0。同一网段内的主机可以通过直接通信链路实现彼此间的正常通信。这意味着，处于同一子网或 IP 地址段中的设备不需要借助额外的网关或路由器进行中转，可以直接利用局域网内的基础设施（如交换机或集线器）相互通信。这种方式简化了数据传输的路径，通常能够提供更快的通信速度和更低的延迟。

如果不是同一个网段内的主机则需要借助路由器或是三层交换机这样的通信设备实现通信。无论是家用路由器还是企业级的三层交换机，在网络间通信中，它们作为网关的角色，都是确保信息能够跨越网络界限，准确无误地送达目的地的关键要素。网关拥有一个特定的 IP 地址，是数据通往外部网络的关键出口。在配置每台主机时，确保选择与本机位于同一网段的网关地址是极为关键的。

3.1.8　DNS 和域名解析

DNS 和域名解析介绍

域名系统（Domain Name System，DNS）与域名解析是网络世界中至关重要的两个概念。当在浏览器中输入一个网址时，计算机会首先查询 DNS 服务器。DNS 就像是一个庞大的电话簿，它将人们容易记忆的网址与计算机能够理解的 IP 地址（如 192.168.1.1）之间建立了一一对应的映射关系。当输入网址后，DNS 服务器会迅速查找这个网址所对应的 IP 地址，随后,计算机便通过这个 IP 地址访问目标网站。这一过程就是所谓的域名解析。它极大地方便了人们的网络浏览体验，让人们只需输入简洁易记的网址，便能访问到世界各地的网络资源，无须再去记忆那些冗长复杂的数字组合。

为了确保主机能够顺利地进行域名解析，用户需要在主机上配置 DNS 服务器的 IP 地址。常用的公共 DNS 服务器有 8.8.8.8 和 114.114.114.114 等。当然，也可以选择使用互联网服务提供商（Internet Service Provider，ISP）提供的 DNS 服务器地址，以确保最佳的解析效果和稳定性。

总的来说，DNS 与域名解析共同构成了互联网资源访问的基石，它们确保了人们能够通过易记的域名来访问互联网上的各种资源，极大地提升了人们的网络使用体验。

3.1.9　网络连接

网络连接实操

麒麟操作系统的网络连接包括有线网络连接和无线网络连接。

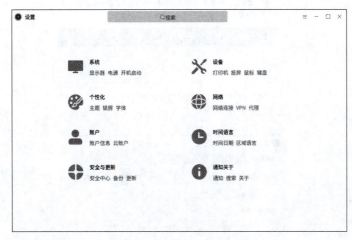

3.1.9.1 有线网络

用户配置网络连接时，单击"开始"按钮 > "设置" ，打开"设置"界面，如图 3.1 所示。

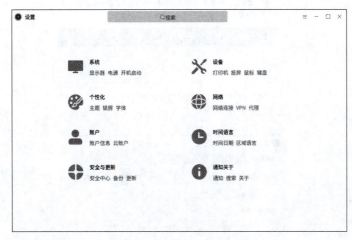

图 3.1   "设置"界面

选择"设置" > "网络"，打开网络设置界面，如图 3.2 所示。

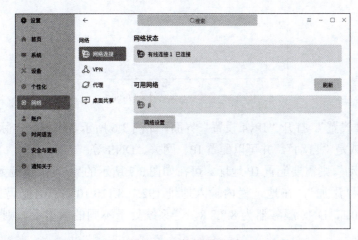

图 3.2   网络设置界面

选择"网络设置" > "网络连接"，如图 3.3 所示。单击 按钮，用户可以编辑已有的连接。

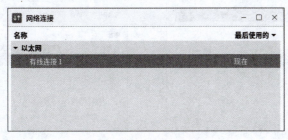

图 3.3   "网络连接"界面

若要新增连接则单击 按钮，打开"选择连接类型"界面，如图 3.4 所示。在图 3.4 中选择要连接的网络类型，选择"以太网"，单击"新建"按钮打开"正在编辑 以太网连接 1"界面，如图 3.5 所示。

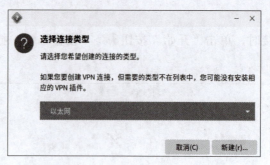

图 3.4　选择连接类型界面

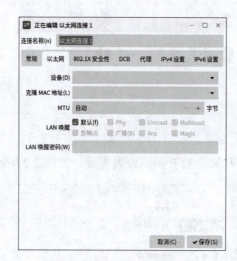

图 3.5　编辑以太网连接界面

单击"IPv4 设置"，打开"IPv4 设置"界面，如图 3.6 所示。可根据实际情况选择连接方法："手动"或是"自动"，并可以配置 IP、网关、DNS 等。

若选择"手动"，则需要配置 IP 地址。可在如图 3.7 所示的"方法"下拉列表中选择"手动"，然后单击"添加"，在地址栏内输入地址 192.168.110.10，子网掩码 255.255.255.0，网关 192.168.110.1，DNS 服务器为 8.8.8.8。若系统处于不同的网络中，则修改上述对应的选项参数。

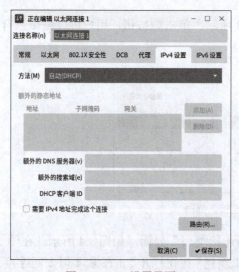

图 3.6　IPv4 设置界面

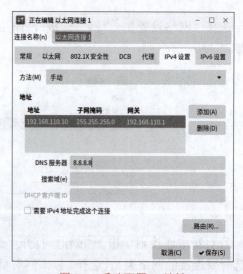

图 3.7　手动配置 IP 地址

多数家用和办公网络环境下，路由器默认开启动态主机配置协议（Dynamic Host Configuration Protocol，DHCP）服务，设备连接到网络时会自动获得一个动态 IP 地址，无须特别配置。在 Kylin 系统中，可以通过网络设置来确认是否已设置为自动获取 IP 地址。步骤类似上述配置静态 IP 地址，但要确保"IPv4 设置"选项卡下"方法"中的"自动（DHCP）"选项被选中。确保设备已连接到网络，系统会自动从 DHCP 服务器获取一个 IP 地址、子网掩码、默认网关和 DNS 服务器信息。

3.1.9.2　无线网络

如果主机是无线网卡，则选择"网络连接"＞"+"＞"连接类型"，然后选择"Wi-Fi/WLAN"选项，如图 3.8 所示。

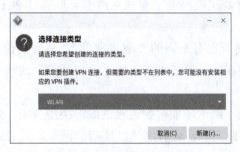

图 3.8　选择连接类型界面

在图 3.8 中单击"新建"打开"正在编辑 Wi-Fi 连接 1"界面，用户可输入具体连接的无线网络信息，如服务集标识（Service Set Identifier，SSID）、基本服务集标识符（Basic Service Set Identifier，BSSID）及设备等，如图 3.9 所示。单击"IPv4 设置"，可设置自动或手动模式。

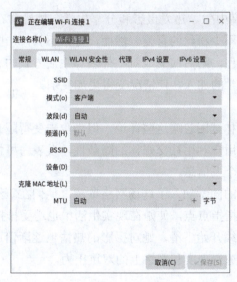

图 3.9　设置 Wi-Fi 连接界面

🔗 知识拓展

3.1.10　认识网卡

网卡，全名叫网络接口卡或者网络适配器。它负责把计算机的"想法"（数据）翻译成网络能理解的语言，并且将网络的"回应"翻译成计算机看得懂的语言。每台连接网络的计算机都需要一个网卡。

网卡有两个部分：硬件和驱动程序。硬件部分，是实际插入电脑的一个小巧装置，或者是笔记本中内置的一块电路板。每块网卡的"大脑"——只读存储器（Read-Only Memory，ROM）中，都烙印着一个独一无二的"身份证号"——媒体访问控制地址（Media Access Control Address，MAC），这串由48位二进制数构成的代码，常以十六进制形式展现，例如00-17-42-4F-BE-9B。驱动程序则是告诉计算机怎么跟网卡沟通。

网卡依据不同的标准，展现出了多种多样的形态：

（1）按网卡结构分类。网卡有集成和独立之分。在很多台式机和笔记本电脑都有内置的有线或无线网卡，这就是集成网卡；而独立网卡可以通过PCI插槽或者USB接口插到计算机上，更加灵活。

（2）按带宽分类。网卡也有不同的"跑步速度"，从慢到快，有10兆的、100兆的，还有千兆甚至万兆的。现在的计算机大多用的是"自适应"的网卡，能根据网络环境自动调节速度。

（3）按传输介质分类。网卡还能根据连接的线缆类型分类，最常见的就是用双绞线连接的RJ-45接口网卡。除此之外，还有用光纤连接的网卡，适合远距离、高速传输；以及无线网卡，让计算机可以"无线"自由，通过Wi-Fi上网。

素质拓展

3.1.11　网络欺凌——"键盘背后的伤痕"

1．案例背景

小林是一名17岁的高中生，热爱摄影和分享生活。她经常在自己的社交媒体账号上发布照片和短片，收获了不少粉丝的喜爱。然而，好景不长，一些负面评论开始出现，最初是关于她拍照姿势的调侃，随后演变成对她外貌和生活方式的恶意攻击。这些评论不仅来自陌生人，也有同校同学的加入，使情况变得更加复杂。

2．案例发展

匿名攻击：起初，小林试图忽略这些评论，但当攻击变得越来越频繁和激烈时，她开始感到焦虑和不安。匿名用户利用社交媒体的隐蔽性，发表侮辱性的言论，甚至有人开始人肉搜索，试图找出她的个人信息。

同伴参与：一些同校的同学加入了这场网络欺凌，他们在班级群聊中转发这些恶意评论，甚至在学校里对小林指指点点，使她在现实生活中也遭受排挤。

情绪影响：小林的成绩开始下滑，她对摄影的热情也逐渐消退。她开始害怕使用社交媒体，甚至拒绝上学，以逃避现实和网络上的双重压力。

3．应对措施

寻求帮助：小林终于鼓起勇气，向父母和老师讲述了她的遭遇。学校介入，组织了心理咨询师对小林进行心理疏导，并与家长、学生一起召开了座谈会，讨论网络欺凌的危害和防范措施。

平台举报：小林和家人向社交媒体平台举报了恶意用户，平台对部分用户账号进行了封禁，并删除了相关侮辱性内容。

自我保护：小林学会了调整隐私设置，仅向信任的朋友开放个人信息，同时也加强了对网络信息的筛选，不再轻易受到负面评论的影响。

针对这个案例，你认为小林的同学犯法了吗？

技能测试

1. 简述 IP 地址的含义及其在互联网中的作用。
2. 简述私有 IP 地址与公有 IP 地址的区别。
3. 请帮助小琪实现将 Kylin 操作系统计算机成功连接至网络，并完成后续学习的任务。

任务 3.2 浏览器的使用

任务描述

小琪所在的跨学科科研团队正面临艰巨的研究挑战和海量的在线学习资源。为了提高团队成员在浏览器使用上的效率和技能，以便更快地搜集信息和协同工作，团队决定组织一场专题学习活动。此次活动将专注于深入探索麒麟操作系统内置的奇安信可信浏览器，旨在掌握其高效使用技巧和实用功能。

相关知识

3.2.1 奇安信可信浏览器核心功能

奇安信可信浏览器是一款安全、可信、全平台、支持集中管理的自主品牌浏览器。拥有丰富且强大的基本功能，旨在为用户提供稳定、安全的上网体验。奇安信可信浏览器具有全面支持信创平台、快速浏览、高级隐私保护、高效多标签管理、精准网页翻译、可靠网络访问控制等功能，详细内容请扫码阅读。

奇安信可信浏览器
核心功能

3.2.2 奇安信可信浏览器的基本操作

3.2.2.1 启动浏览器

麒麟操作系统内置有奇安信可信浏览器。启动浏览器的方法有以下两种：

方法一：选择"任务栏">"奇安信可信浏览器" 。

方法二：选择"开始菜单">"奇安信可信浏览器" ，打开浏览器，如图 3.10 所示。

3.2.2.2 浏览网页

打开浏览器后，如需浏览网页，可在地址栏中输入网址，打开相应网站，如图 3.11 所示。

浏览器的基本使用

3.2.2.3 基本设置

单击浏览器右上角"打开菜单"图标 ，如图 3.12 所示，可对浏览器进行基本设置，包括"打开新的窗口""历史记录"等。

（1）选择"打开新的窗口"，可添加一个新的浏览器窗口。按下 Ctrl + N 快捷键可以更快地创建新窗口。

（2）选择"打开新的标签页"，可在当前窗口添加一个新的浏览网页，网页在窗口内以一个标签的形式存在。标签位于浏览器窗口的顶部，通过单击标签可以快速切换不同的网页。也可以通过单击标签页旁的"+"打开新的网页，如图 3.13 所示。

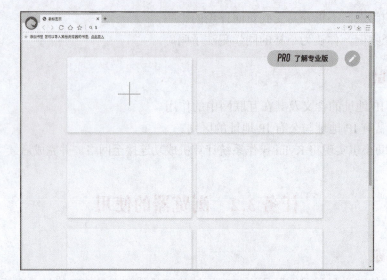

图 3.10　奇安信可信浏览器

图 3.11　浏览网页

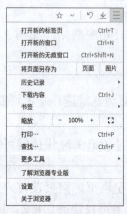

图 3.12　"打开菜单"界面　　　　　　图 3.13　打开新的标签页

（3）选择"打开新的无痕窗口"，启动无痕窗口，如图 3.14 所示，无痕（隐身）窗口将不会记录任何浏览痕迹，如网页浏览历史、Cookies 等，但会保留下载的文件或添加的书签。

图 3.14　打开新的无痕窗口

（4）鼠标指针悬停于"历史记录">"历史记录子菜单项"，如图 3.15 所示，将显示历史记录以及最近关闭的标签页、下载内容等。选择菜单中的"历史记录"，即可打开"历史记录"页面，如图 3.16 所示。在搜索框中输入想要查找的浏览记录，即可显示对应的浏览记录列表，单击选择想要查找的内容，如图 3.17 所示。若需要清除浏览数据，选择页面中的"清除浏览数据"，即可跳转至上网痕迹页面清除上网痕迹；也可单独删除想要删除的浏览列表，或根据需要勾选列表前方的复选框后单击"删除"，如图 3.18 所示。

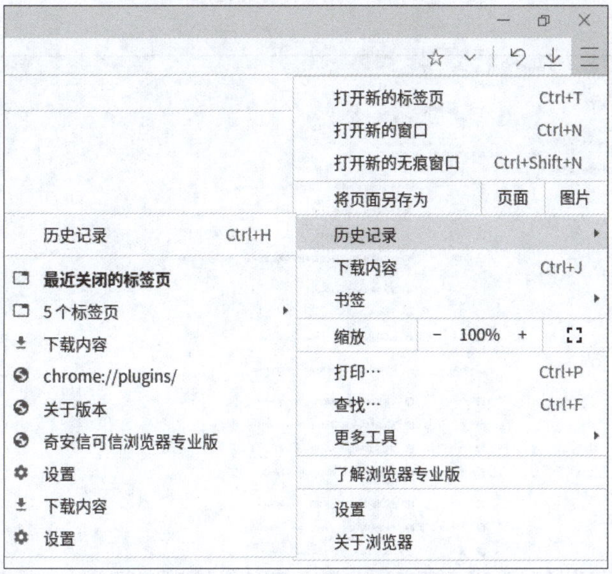

图 3.15　历史记录子菜单项

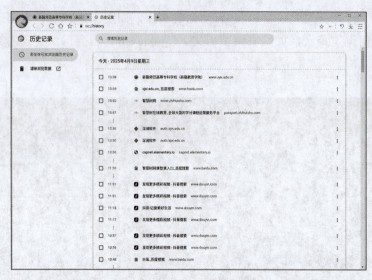

图 3.16 "历史记录"页面

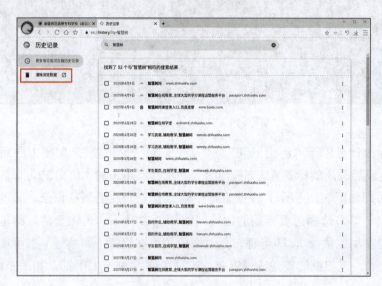

图 3.17 搜索历史记录

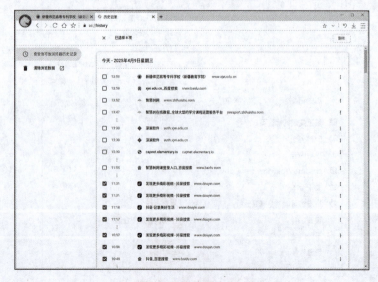

图 3.18 清除历史记录

（5）选择"下载内容">"下载内容页"，可查看下载文件。在下载内容页中单击列表右上角的 ╳ 按钮，可选择想要删除的下载文件列表删除下载痕迹。单击右侧 ┇ 按钮，弹出子菜单项，如图 3.19 所示。选择"全部删除"，可删除全部下载痕迹。单击选择"打开下载内容文件夹"，可打开下载内容的目录文件夹。

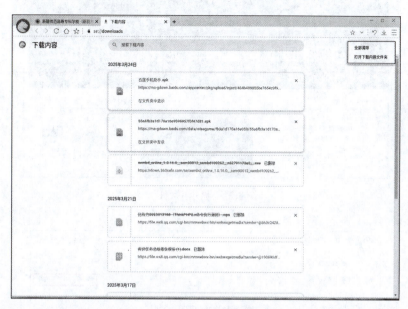

图 3.19　下载内容页

（6）鼠标指针悬停于"书签">"书签子菜单项"，如图 3.20 所示，可为当前标签页添加书签，也可为所有标签页添加书签。还可以单击"显示书签栏"，勾选或取消勾选显示书签栏。所有已保存的书签将在浏览器地址栏的下方出现，直接单击书签就可以访问网页，如图 3.21 所示，取消勾选则将隐藏书签栏。

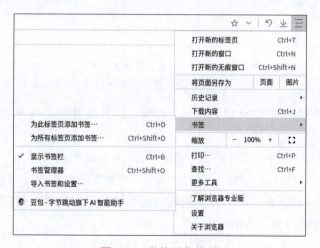

图 3.20　书签子菜单项

选择"书签管理器"，打开书签管理器，如图 3.22 所示。在书签管理器里，用户可以对书签项进行编辑、删除操作；单击每个书签条目处的 ┇ 按钮，用户可以进行修改、删除、剪贴、复制网址、粘贴、在新标签页中打开、在新窗口中打开、在无痕式窗口中打开等操作。书签管理器支持从已安装的浏览器中导入和将以前导出的书签导入，还可对已存的书签进行存档操作。

图 3.21　显示书签栏

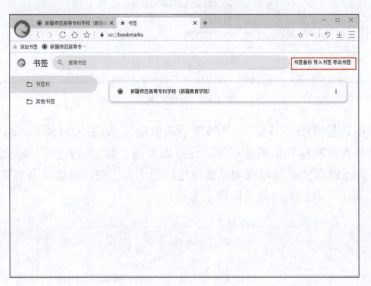

图 3.22　书签管理器

（7）单击"+"或"-"即可放大或缩小页面。单击 ⛶ 按钮即可全屏显示页面，按 F11 键即可退出全屏模式。

（8）选择"打印"，打开打印页面，如图 3.23 所示。单击"打印"按钮可打印网页，还可选择目标打印机、页码、份数、布局等功能。单击"更多设置"，可对纸张尺寸、边距、缩放、选项等进行选择。单击左下方 按钮可调整显示范围为适合窗口宽度的页面。单击右下方"+""-"按钮可放大缩小页面。

（9）选择"查找"即可在页面中查找如图 3.24 所示的内容。

（10）鼠标指针悬停于"更多工具"＞"更多工具子菜单项"，如图 3.25 所示。可清除浏览数据；选择"任务管理器"即可弹出任务管理器页面，如图 3.26 所示，可查看浏览器运行的任务；选择"开发者工具"可访问满足网页开发、调试以及性能优化等多方面需求而设计的功能；选择"高级工具"即可打开高级工具页面，如图 3.27 所示，其提供了一系列常用工具（扩展工具、插件管理、版本信息、GPU 信息）和问题排查功能，助力用户更好地浏览网页、保障安全并提升工作效率。

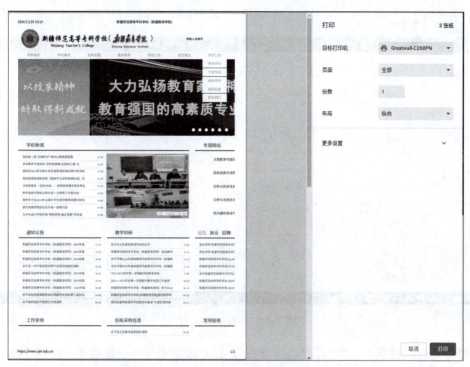

图 3.23　打印页面

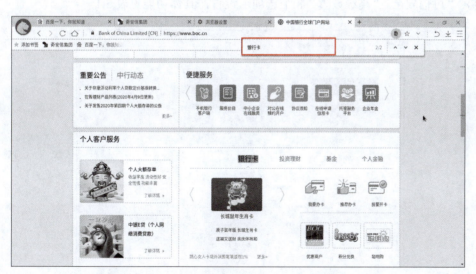

图 3.24　查找页面

图 3.25　更多工具子菜单项　　　　　　　图 3.26　任务管理器页面

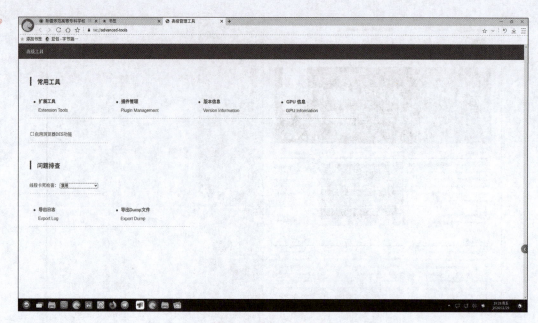

图 3.27　高级工具页面

（11）选择"设置"＞"浏览器基本设置"，打开浏览器基本设置页面，如图 3.28 所示，可设置浏览器的参数。有"基本设置""标签设置""上网痕迹""网页内容""快捷键""鼠标手势""可信安全""高级设置" 8 个选项卡设置，具体功能见表 3.1。

图 3.28　浏览器基本设置页面

表 3.1　浏览器基本设置选项卡功能说明

选项卡名称	功能说明
基本设置	启动主页设置、搜索引擎设置、默认浏览器设置、下载位置及设置、书签设置
标签设置	新建书签设置、关闭标签设置
上网痕迹	清除上网痕迹设置、自动清除痕迹设置
网页内容	网页缩放、字号、弹出式窗口设置、是否保存密码设置、自动填充设置、网页设置

续表

选项卡名称	功能说明
快捷键	常用快捷键、浏览器功能操作快捷键、网页相关快捷键
鼠标手势	鼠标手势设置以及对应功能设置
可信安全	• 云安全：是否开启网站云安全和下载云安全 • 安全隔离：是否开启跨域安全隔离和站点安全隔离 • 可信通信安全：是否启用可信证书校验，拦截未通过证书校验的连接 • 管理可信网站 • 管理可信证书 • 管理可信驱动 • 数据执行保护：是否开启数据执行保护（仅适用于兼容模式）
高级设置	代理设置、国密 SSL 通信启用 / 关闭、接口兼容性（实验功能）、是否启用加速模式

📣 **技能拓展**

3.2.3 浏览器的使用技巧

打开奇安信可信浏览器，页面地址栏旁还提供了一些工具图标，用户可根据需要进行相关的操作，如图 3.29 所示。单击 ☆ 按钮，即可将当前网页添加到书签。单击 ﹀ 按钮，即可打开下拉菜单。出现浏览过的网页，若要访问具体网站，则单击对应网站即可。单击 ⤓ 按钮，即可打开下载记录。

浏览器的使用技巧

图 3.29 工具图标

奇安信可信浏览器还提供了其他丰富的功能，详细内容请扫码阅读。

奇安信浏览器其他功能

➡ **素质拓展**

3.2.4 信息泄露——"虚拟足迹的代价"

1. 案例背景

小李是一名大学生，热衷于参与各种线上活动和比赛，喜欢在社交媒体上分享自己的日常生活和成就。他经常参加在线问卷调查，以为可以获得一些小礼品，同时也会在不同的网站上注册账号，享受免费的试用期服务。然而，他没有意识到，这些看似无害的行为，正悄悄地泄露着他的个人信息。

2. 案例发展

过度分享：小李在社交媒体上分享了过多个人信息，包括生日、家乡、就读学校等，甚至偶尔会在不经意间晒出带有身份证信息的照片。

轻信问卷调查：为了获得小礼品，小李频繁参与各种来源不明的在线问卷调查，这些调查往往要求填写详细的个人信息，包括联系方式、家庭住址等。

随意注册账号：小李在多个网站上注册账号时，使用相同的用户名和密码，没有意识到这样会增加信息泄露的风险。

3．信息泄露后果

垃圾邮件和电话骚扰：小李开始频繁收到各种垃圾邮件和推销电话，甚至有人冒充官方机构，试图套取更多个人信息。

身份盗用风险：由于个人信息的泄露，小李面临身份被盗用的风险，包括银行账户和社交媒体账号的异常活动。

心理压力：面对突如其来的骚扰和安全威胁，小李感到非常恐慌和无助，开始担心自己的隐私安全。

4．应对措施

加强隐私意识：小李意识到问题的严重性后，开始学习如何保护个人信息，包括不在社交媒体上过度分享，不随意参与未知来源的问卷调查。

修改密码和设置：小李更改了所有重要账号的密码，设置了复杂且独一无二的密码组合，并开启了双因素认证，增强了账户的安全性。

报告和求助：小李向相关网站和服务提供商报告了信息泄露的情况，请求协助追踪和解决问题。同时，他也向学校的信息安全专家寻求了帮助，学习了更多的网络安全知识。

🔲 技能测试

1．列举至少 3 种浏览器设置，以增强网络浏览的安全性，并简要说明它们的作用。

2．列举一个你熟悉的浏览器插件及其功能。

3．小琪与他的团队成员，在着手开展项目任务之前，意识到构建一个既便利又安全的网络环境至关重要。为了实现这一目标，他们决定采取一系列的浏览器配置措施，请帮助他们完成以下操作：

（1）设置百度搜索为默认搜索引擎。

（2）使用无痕浏览访问新闻网站。

（3）根据给定的主题，如文献资源、视频学习资源、娱乐、新闻等，整理并分类收藏一些网站链接。

（4）对于重要的资源网站，在团队成员间共享某些账户信息时，确保使用主密码加密保护，再通过奇安信账户同步功能安全地共享密码信息。

任务 3.3　网络应用——文件传输

🔍 任务描述

在确保网络连接畅通无阻后，小琪和他的科研小组面临着频繁的资料共享和文档协同编辑需求。为了提升团队的协作效率，减少信息传输的延迟与失误，他们需要探索并掌握利用麒麟操作系统内置或推荐的文件传输工具和协同办公软件，确保资料的安全、快速流通，并实现文档的实时协同编辑，为跨专业项目的推进铺平道路。

服务器和客户端介绍

相关知识

3.3.1　服务器和客户端

服务器（Server）和客户端（Client）是计算机网络中两个基本而又核心的概念，它们构成了客户端 - 服务器架构（Client-Server Architecture），这一架构模式广泛应用于互联网服务、企业内部网络以及各种分布式系统中。

1．服务器

服务器通常是指在网络环境中提供某种服务或资源的计算机系统或设备。它可以是专用的硬件设备，也可以是安装了特定软件的普通计算机。服务器的主要职责是接收来自客户端的请求，处理这些请求，并将处理结果返回给客户端。服务器可以提供多种服务，如文件存储与共享、网页浏览、电子邮件、数据库查询、在线交易等。

2．客户端

客户端是请求并使用服务器提供的服务或资源的计算机程序或设备。在客户端 - 服务器架构中，客户端发起请求，等待服务器响应并处理这些请求的结果。客户端可以是个人计算机、手机、平板电脑或者任何能够发起网络请求并显示或处理响应的设备。

3.3.2　FTP 简介

FTP 是一种广泛应用于互联网的标准网络协议，专为在计算机之间传输文件而设计。FTP 基于客户端 - 服务器架构工作。这意味着在文件传输过程中，需要有一个作为发送请求的 FTP 客户端和一个负责响应并处理这些请求的 FTP 服务器。用户通过客户端软件连接到 FTP 服务器，从而实现文件的上传（从本地计算机到服务器）和下载（从服务器到本地计算机）。

FTP 简化了网络世界中文件的"寄送"过程，使得数据传输变得高效且相对简单。

3.3.3　FTP 应用

FTP 在日常生活与学习中有多种应用场景。

1．网站内容管理

如果拥有个人网站或者负责维护学校的官方网站，FTP 可以用来上传网页文件（如HTML、CSS、JavaScript 文件以及图片、视频等媒体资源）到服务器上，实现网站内容的更新。

2．大文件共享

在团队项目中，可能需要共享较大的设计文档、视频素材或软件安装包等，电子邮件因附件大小限制无法发送时，FTP 服务器可以作为文件共享平台。

3．学术资料备份

在撰写论文时，可能会积累大量的文献资料、实验数据等重要文件，利用 FTP 定期将这些资料备份到云端或学校的 FTP 服务器上，以防本地硬盘故障导致数据丢失。

4．软件分发

对于软件开发团队，FTP 服务器可以作为内部软件分发平台，便于团队成员下载最新的软件构建版本或补丁。

3.3.4　FTP 客户端

FTP 客户端使用

FTP 客户端是一款网络应用软件，可连接到 FTP 服务器上，进行目录、文件的上传和下载。

3.3.4.1　打开方式

方法一：单击"开始"按钮 ⚫ >选择"FTP 客户端" 🗔 。

方法二：在"任务栏"搜索"FTP 客户端"。

"FTP 客户端"界面如图 3.30 所示。

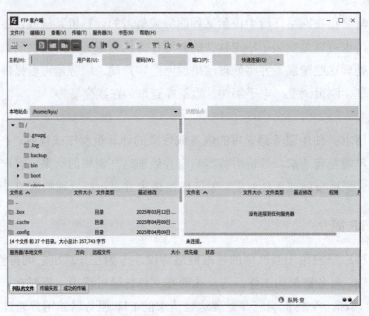

图 3.30　"FTP 客户端"界面

3.3.4.2　基本操作

（1）连接服务器。在顶部输入 FTP 服务器的地址，以及登录的用户名、密码和端口，连接到 FTP 服务器，如图 3.31 所示。

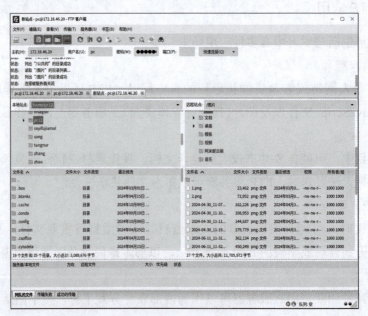

图 3.31　连接到 FTP 服务器

（2）查看远程目录并下载。在界面右半部的远程目录窗口中可以看到服务器上的目录和文件详情，如图 3.32 所示。选定一个文件右击，在弹出的快捷菜单中选择"下载"可实现下载文件操作。

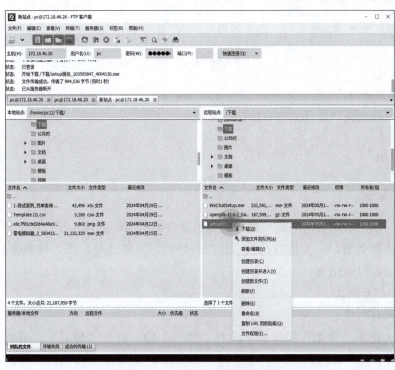

图 3.32　服务器上的目录和文件详情

（3）查看本地文件并上传。界面左半部显示的是本机的目录和文件详情，选中一个文件右击，在弹出的快捷菜单中选择"上传"可实现上传文件操作，如图 3.33 所示。

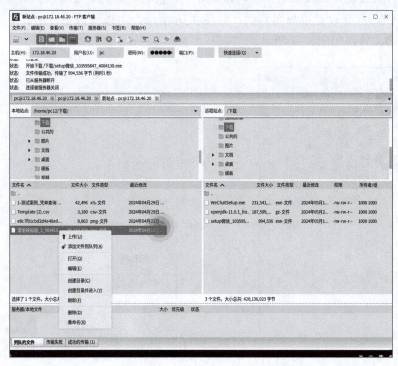

图 3.33　本机目录和文件详情

（4）查看传输任务。当用户上传或下载一个文件时，文件传输的状态及进度会在底部窗口显示并记录，如图 3.34 所示。

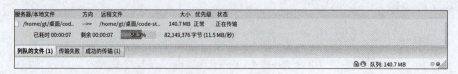

图 3.34　传输记录

3.3.4.3　高级功能

FTP 客户端高级功能详细内容请扫码阅读。

FTP 客户端高级功能

技能拓展

3.3.5　传书

传书是一款用于局域网间用户聊天和传输文件的应用，支持跨平台的文件、文字的高效传输，提供聊天窗口，支持自动搜索好友、修改好友备注等功能。传书无服务器设计，所有功能通过客户端完成。

麒麟传书使用

3.3.5.1　打开方式

打开方式有两种：

方法一：单击“开始”按钮 ⚙ ＞选择“传书” 📧，打开“传书”主界面，如图 3.35 所示。

方法二：在“任务栏”搜索“传书”，选择“打开”。

3.3.5.2　基本操作

打开传书后，应用将自动搜索同一局域网内的其他用户，添加其他用户为好友后可进行文字、文件的传输，在搜索栏中可以搜索好友，搜索栏下方就是好友列表。单击用户名旁边的 ✎ 按钮，打开设置用户名界面，如图 3.36 所示，可以修改用户名。单击 🗂 按钮可以查看传输的文件，如图 3.37 所示。

图 3.35　“传书”主界面

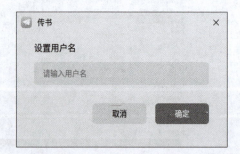

图 3.36　设置用户名界面

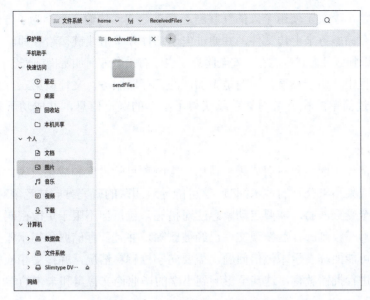

图 3.37   查看传输文件界面

双击好友图标，弹出如图 3.38 所示的发送消息界面，在界面输入聊天信息后单击"发送"按钮就可发送信息。可以通过单击 🖼 按钮发送指定传输的文件，单击 🗀 按钮可以发送文件夹，单击 ✂ 按钮可截图。接收查看对方发送的文件时，可在界面双击接收的文件。单击 🕐 按钮可打开聊天内容，如图 3.39 所示。

图 3.38   发送消息界面

图 3.39   聊天内容

素质拓展

3.3.6   文件传输安全的重要性：小李案例启示录

1．案例背景

小李是一名计算机专业的大三学生，正在参与一个重要的科研项目，该项目涉及大量的数据处理和分析工作。为了方便团队成员之间的交流和协作，小李经常需要与其他同学和导师共享大量的研究数据文件。

2．案例发展

小李需要将一批包含敏感信息的研究数据文件发送给导师进行分析。由于实验室的内部网络不稳定，小李决定使用个人的互联网连接进行文件传输。小李为了方便，选择使用一个公共的云存储服务来上传文件，并通过电子邮件分享下载链接给导师。

他没有意识到这种方式可能存在安全隐患，也没有采取任何加密措施来保护文件的安全。

在传输过程中，由于小李使用的是不加密的云存储服务，文件被第三方截获。

第三方通过简单的社会工程学手段获得了小李的账户信息，并成功下载了这些敏感数据。

3．案例后果

敏感数据泄露可能导致科研成果被盗用，影响项目的进度和成果发表。数据包含了一些初步的研究成果和未公开的技术细节，这可能导致团队的研究方向被竞争对手提前知晓。学校的信息安全受到威胁，需要启动紧急应对措施，包括但不限于更改密码、加强网络安全监控等。导师在收到邮件后发现文件已经被删除，并且云存储服务提示账号存在异常登录记录。小李可能面临着学术诚信问题，需要向学校解释情况，并接受相应的处罚。学校可能需要对其进行批评教育，这甚至影响到小李的毕业论文答辩和未来的学术生涯。

技能测试

1．请简述 FTP 的主要用途和应用场景。

2．简述服务器和客户端的概念及其主要职责。

3．小琪所在的科研团队有一个 FTP 服务器，用于存放项目所需的各种文件。团队成员需要能够上传和下载文件，但是最近有成员报告说无法正常上传文件，并且怀疑文件传输过程中可能存在安全隐患。请帮助小琪他们重新配置一个 FTP 服务器，同时编写一份详细的 FTP 使用指南，包括连接 FTP 服务器的步骤、上传和下载文件的方法，以指导团队成员如何使用 FTP 进行文件传输。

任务 3.4　网络应用——远程桌面的控制

任务描述

小琪和他的科研小组正在进行一项跨专业的科研项目。为了提高团队的协作效率，减少信息传输的延迟与失误，他们需要确保团队成员无论身处何地都能高效地访问和控制实验室内的计算机资源。为此，小琪决定探索并掌握麒麟操作系统内置或推荐的远程桌面控制工具，以确保团队成员能够随时随地进行远程操作，为项目的顺利推进铺平道路。

相关知识

3.4.1　远程桌面控制概述

远程桌面控制是一种技术手段，它允许用户从一个位置（通常是远程位置）控制另一台计算机的桌面界面，并在其上执行操作，如打开应用程序、编辑文件、安装软件等。这种技术为现代工作环境带来了极大的便利，尤其是在远程办公、技术支持、系统管理等领域得到了广泛应用。

实现远程桌面控制的核心在于屏幕图像的传输和输入命令的传递。用户在本地计算机上的操作会被转化为指令并通过网络发送到远程计算机，远程计算机接收这些指令并执行相应的动作，然后将结果（如屏幕显示的变化）再次通过网络返回给本地计算机。

3.4.2　远程桌面控制原理

远程桌面控制原理

远程桌面控制技术背后涉及多个关键技术组件和协议，确保了数据的安全传输、图形界面的实时显示以及用户输入的有效传达。详细内容请扫码阅读。

3.4.3　远程桌面控制应用场景

远程桌面控制应用场景

远程桌面控制技术在现代社会中发挥着重要作用，其应用范围广泛，涵盖了从个人用户到企业级的各种需求。详细内容请扫码阅读。

3.4.4　远程桌面客户端

远程桌面客户端使用

麒麟操作系统自带的远程桌面客户端，在 V10 版本（以下不做特别说明）中可以通过虚拟网络计算（Virtual Network Computing，VNC）、安全外壳（Secure Shell，SSH）协议和远程桌面协议（Remote Desktop Protocol，RDP）远程连接计算机并控制。

选择"开始菜单">"远程桌面客户端"，打开主界面，如图 3.40 所示。

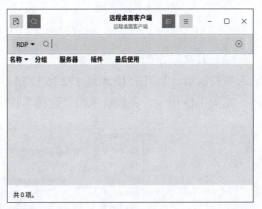

图 3.40　远程桌面客户端主界面

3.4.4.1　新建远程连接

单击工具栏上的"新建"图标，可建立一个远程桌面连接，如图 3.41 所示，可以通过配置服务器地址、用户名、密码等信息，实现建立一个新的远程连接。以 RDP 协议连接为例，远程控制计算机的 IP 地址为 172.16.127.117，具体步骤如下：

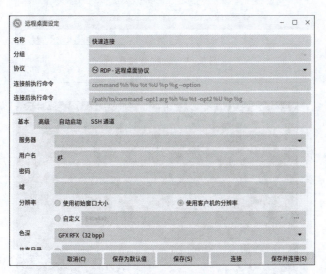

图 3.41　新建远程连接

（1）首先，要确保被控制端的桌面允许共享。在被控制端电脑前设置，选择"开始菜单">"设置">"网络">"桌面共享"，打开"桌面共享设置"界面，如图 3.42 所示。在该界面中选择"允许其他人远程连接您的桌面"，允许其他用户控制该计算机桌面，安

✎ 全选项则根据需求自行选择，设置好后，关闭当前设置界面即可。

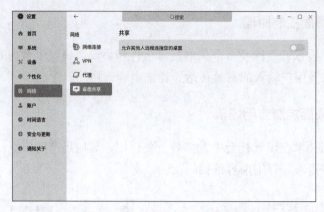

图 3.42 "桌面共享"设置界面

（2）其次，在图 3.41 的"协议"栏中选择"RDP- 远程桌面协议"，在"服务器"栏中输入被控制端计算机的 IP 地址 172.16.127.117，用户名和密码为被控制端计算机的名称和密码，如图 3.43 所示，完成后单击"连接"按钮就可跳转到连接成功的画面，如图 3.44 所示。

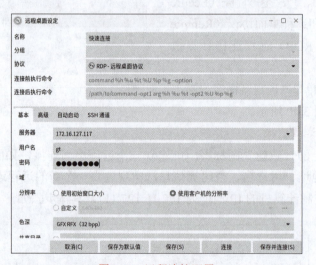

图 3.43 远程连接配置

图 3.44 远程连接成功

3.4.4.2　图标及其功能

成功连接的窗口中，部分图标的功能说明见表 3.2。

表 3.2　图标及其功能

图标	功能说明	图标	功能说明
⌗	全屏幕	⌨	捕获所有键盘事件
🔧	复制 / 粘贴 / 全选 / 键盘监听	📷	截屏
⌄	最小化窗口	🔗	断开连接

3.4.4.3　首选项

单击 ☰ 图标，打开菜单列表，如图 3.45 所示。选择"首选项"，打开"首选项"窗口，其中有"选项""外观""小程序""键盘""SSH 选项""安全""终端""RDP"8 个选项卡，用户可以根据需要进行选定，如图 3.46 所示。除了首选项外，菜单列表还有"调试""导入""导出"等功能。

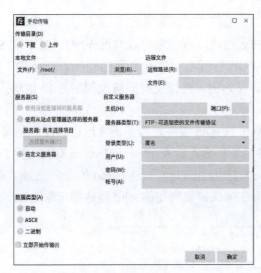

图 3.45　菜单列表

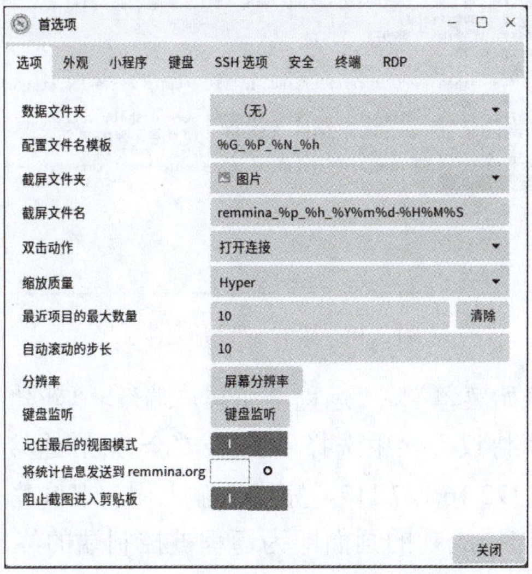

图 3.46　"首选项"窗口

若选择"导入"，则可导入其他连接文件；若选择"导出"，则可生成连接的配置文件，若选择"插件"，则可查看当前插件的信息，包括名称、类型等，如图 3.47 所示。

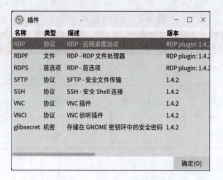

图 3.47 "插件"窗口

技能拓展

3.4.5 SSH 协议远程连接

麒麟操作系统自带的远程桌面客户端可以通过 VNC、RDP 和 SSH 协议远程连接计算机并控制。其中 VNC、RDP 都可用于远程桌面的控制，SSH 用于远程控制终端命令行，下面将以 ssh- 远程连接协议为例，连接主机即被控制端的 IP 地址为 172.16.127.117，具体步骤如下：

首先，确定两台计算机的 sshd 服务是否能正常运行。在控制端计算机右击屏幕 > "打开终端"，打开命令行终端，并输入命令 systemctl status sshd，按 Enter 键，结果如图 3.48 所示。图示界面中 active 状态为 running，表明 sshd 的服务已经启动；否则需要开启 sshd 服务。也要使用同样的方法确认被控制端的 sshd 服务的正常运行。

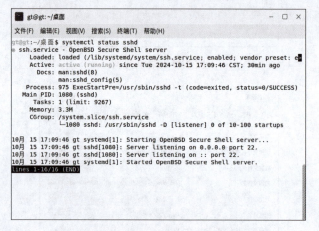

图 3.48 查看 sshd 服务状态

确认好后，选择"开始菜单" > "远程桌面客户端" > "新建"，进入如图 3.41 所示的新建远程连接界面，在"协议"栏中选择"SSH- 安全 Shell 连接"，在"服务器"栏中输入目标计算机的 IP 地址 172.16.127.117，完成后输入用户名和密码并单击"连接"按钮，如图 3.49 所示，最后，连接成功的画面即为远程被控制端的终端界面，如图 3.50 所示。在远程终端上输入 ifconfig 命令，可看到远程连接主机的 IP 地址为 172.16.127.117，如

图 3.51 所示，表明远程连接成功。在连接界面的左侧，客户端还提供了一些图标，只要鼠标滑过，就会有相应的功能说明，可以根据所需单击图标。控制结束后，单击"断开连接"按钮，结束远程连接。

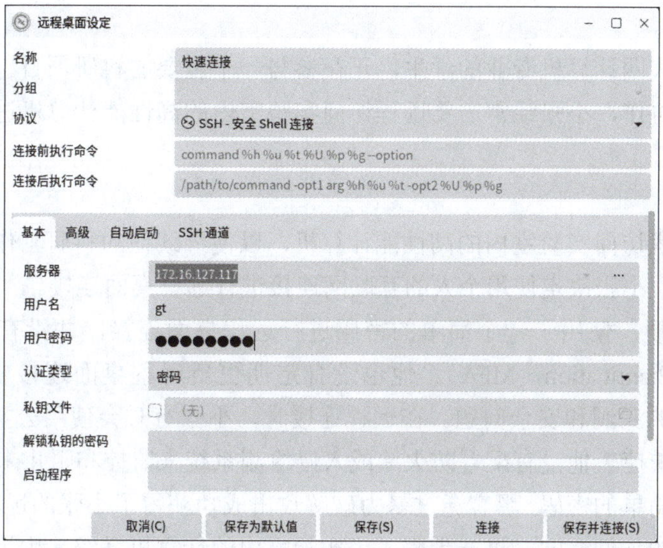

图 3.49　远程连接设置界面

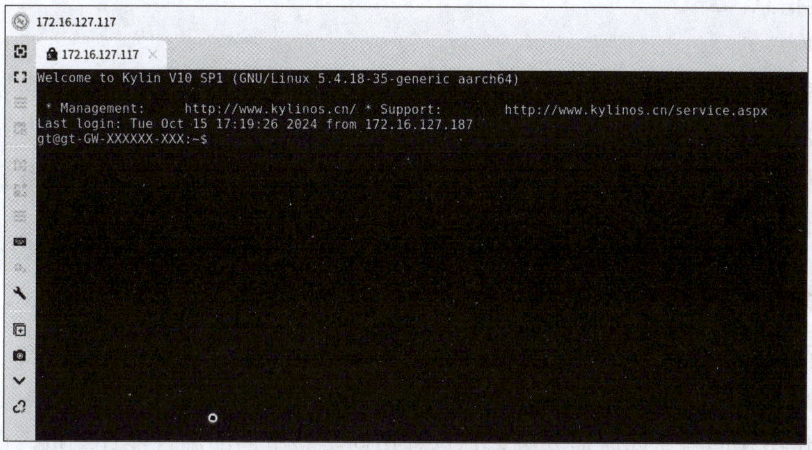

图 3.50　远程连接控制界面

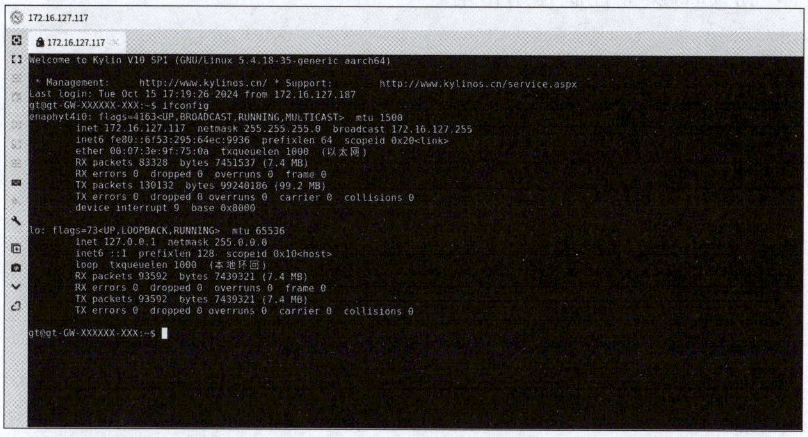

图 3.51　远程连接验证界面

✏️ ➡️ 素质拓展

3.4.6　远程桌面安全防护：小张案例分析

1．案例背景

小张是一名大四计算机专业的学生，正在参与一个重要的科研项目。为了方便团队成员之间的交流和协作，小张经常需要远程访问实验室内的高性能计算机进行数据处理和软件开发。

2．案例发展

小张需要远程访问实验室内的高性能计算机，以便继续他的科研工作。由于实验室的内部网络不稳定，小张决定使用个人的互联网连接进行远程桌面连接。

小张为了方便，使用了一个简单的密码进行远程桌面连接，并没有启用多因素认证（Multi Factor Authentication，MFA）。他也没有定期更新远程桌面连接软件和操作系统，忽略了修复已知的漏洞和安全问题。在远程连接时，小张有时会使用公共 Wi-Fi 网络，认为这样更加方便快捷。他没有配置防火墙或入侵检测系统来监控和阻止未经授权的访问。

由于使用了简单的密码，黑客通过暴力破解攻击成功获得了小张的远程桌面登录凭证，并利用了未修复的软件漏洞，进一步侵入了实验室内的计算机系统。由于小张使用了不安全的公共 Wi-Fi 网络，黑客通过中间人攻击（Man-in-the-Middle Attack，MITM）截获了远程桌面连接信息。

3．案例后果

实验室内存储了大量的敏感数据和研究资料。黑客成功登录后，访问这些数据，导致科研成果被盗用。数据包含了一些初步的研究成果和未公开的技术细节，这导致团队的研究方向被竞争对手提前知晓。导师在尝试远程连接时发现无法登录，并且系统日志显示有异常登录记录。

🔒 技能测试

1．请简述远程桌面控制的主要用途和应用场景。

2．请简述麒麟操作系统中远程桌面控制的步骤。

3．小琪所在的科研团队需要频繁地远程访问实验室内的高性能计算机，以便进行数据处理和软件开发。但是最近有新成员不会远程访问实验室计算机的资源。请帮助小琪他们编写一份详细的远程桌面控制使用指南。

项目 4 编辑 WPS 文字

　　WPS Office 是一款多功能办公套件，集文字文档、电子表格、幻灯片和 PDF 于一体。它适用于电脑、手机、平板等多种设备，支持 Windows、iOS、Android、鸿蒙等多种操作系统。其中，WPS 文字处理软件主要用于创建、编辑和格式化文档，支持多种文件格式。它提供丰富的文档模板、表格制作、图形插入、批注修订等功能，并且适用于写作、学术教育、市场营销、行政管理、法律服务以及技术文档编辑等多样化场景。

　　本项目设计了 4 个典型的 WPS 文字处理任务，在麒麟操作系统下，对报告、简报、采购单及论文进行编辑和排版。通过任务实施，学生将逐步掌握文档编辑、版面设计、表格制作等核心技能，以高效完成日常文档的编辑工作。

教学目标

知识目标

- 熟悉 WPS 文字处理软件的基本界面及功能。
- 掌握字体设计、段落布局、查找替换、模板应用等文档编辑基础知识。
- 掌握图文混排、分栏设置、样式定义、页眉页脚设置、目录生成等排版技巧。
- 掌握表格插入与编辑、表格公式使用、表格属性调整的基本应用。
- 理解样式与模板、邮件合并等高级功能及其应用场景。

技能目标

- 掌握文档编辑操作，能够熟练完成文档的创建、编辑、保存等基本操作。
- 掌握文档排版与美化，能够独立完成文档的字体、段落、页面等格式化设置，实现文档的美观排版。
- 能够熟练运用样式、模板、图文混排等技术，提升文档的专业性和可读性。
- 掌握表格的编辑，以及使用表格进行数据处理。
- 提高使用 WPS 文字处理软件解决实际问题的能力。

素质目标

- 培养学生的信息素养，提升其文档编辑和排版等方面的专业能力。
- 激发学生的创新思维和审美能力，鼓励他们在文档设计中发挥创意，提升文档的美观度和可读性。
- 培养学生的自主学习能力和团队协作精神，通过实践操作和案例学习，掌握 WPS 文字处理软件的高级功能和应用技巧。

- 引导学生树立规范意识，注重文档的格式化和排版规范，培养良好的职业素养和习惯。
- 增强学生对国产软件的支持和认同感，培养他们的民族自豪感和文化自信。

项目情景

小琪是一名在校大学生，他深刻认识到精通文档编辑技能对于其未来的学术追求和职业发展具有非常重要的意义。为此，他决定通过一系列与 WPS 文字编辑相关的任务来提升自己的技能。这些任务不仅使他深入了解 WPS 文字的高级功能，还将为他提供宝贵的实践机会，让他在实际操作中磨砺和应用这些技能。

任务一：编写国内外研究进展报告。

随着全球气候变化和能源危机的加剧，可再生能源的开发与利用成为了国际社会关注的焦点。为了提高学生的研究能力和学术素养，科学老师让学生写一份相关的研究报告。

任务二：编辑活动简报。

小琪作为新闻社的成员，负责报道近期消防检查活动。他决定写一篇简报，向全校师生通报消防检查的结果和安全建议，以提高师生的校园安全意识，做好应急准备。

任务三：编辑图书采购单。

小琪在图书馆担任学生助理，负责收集师生的图书推荐，并根据这些需求编辑图书采购单。这份采购单将帮助图书馆购买新书，丰富图书馆的藏书，满足师生的阅读需求。

任务四：排版论文。

小琪在完成论文的撰写后，需要对论文进行排版，确保格式符合学校的要求，内容清晰、有条理，以便顺利通过答辩。

任务 4.1　编辑风力发电国内外研究进展报告

任务描述

随着全球气候变化和能源危机的加剧，可再生能源的开发与利用成为了国际社会关注的焦点。风力发电作为清洁、可再生的能源之一，其技术的发展和应用对于推动能源转型具有重要意义。为了提高学生的研究能力和学术素养，科学老师让学生写一份相关的研究报告并进行基本的格式设置。

通过资料查询，小琪已经撰写好调研报告内容，接下来将完成文档的编辑。

本任务将学习 WPS 文字的基本操作，包括文档的创建、字体和段落设置、查找和替换功能的使用，以及如何设置并应用模板，从而提升文档编辑技能。效果如图 4.1 所示。

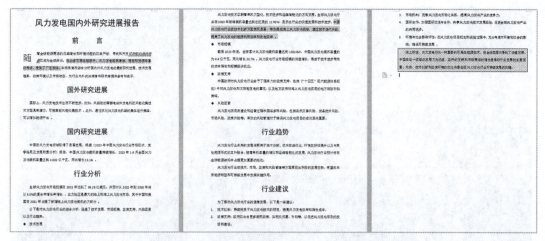

图 4.1 风力发电国内外研究进展报告效果图

相关知识

4.1.1 创建文档

（1）启动 WPS Office 软件，有以下两种常用的方式：

1）双击桌面图标启动：如果计算机桌面上创建了 WPS Office 软件的快捷方式，可以双击它的图标来启动，如图 4.2 所示。

图 4.2 从桌面快捷方式启动 WPS Office 软件

如果没有创建桌面快捷方式，可以单击"开始"按钮，在搜索框中输入"WPS Office"，当搜索结果显示该程序时，鼠标右击该程序，在右键菜单中选择"添加到桌面快捷方式"。

2）从"开始菜单"中启动：在麒麟操作系统中，单击"开始"按钮，在搜索框中输入"WPS Office"，然后从搜索结果中选择 WPS Office 启动程序，如图 4.3 所示。

（2）新建文档。双击 WPS Office 桌面图标，选择"新建">"文字">"空白文档"，系统会创建一个空白的文字文稿。

图 4.3 从"开始菜单"中启动 WPS Office 软件

（3）输入内容。打开素材"风力发电国内外研究进展报告 .txt"，将该记事本中的内容复制到新建的空白文档中。也可以用"插入"中的"文件中的文字"来录入文字文稿，选择"插入" > "附件" > "文件中的文字"，在打开的窗口中找到素材"风力发电国内外研究进展报告 .txt"并插入。

（4）保存文档。输入文档内容后，记得保存文档。选择"文件"选项，然后选择"保存"或"另存为"来保存文档。在保存时，可以设置文档的保存位置、文件名和文件类型，将文档保存为"风力发电国内外研究进展报告 .wps"，如图 4.4 所示。

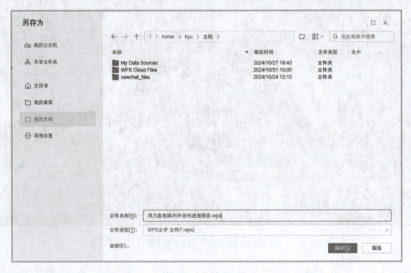

图 4.4 保存文档

设置字体格式

4.1.2 设置字体格式

为了优化阅读体验，提升文档的美观性，可以在 WPS 文字中进行多种字体的设置。接下来以"风力发电国内外研究进展报告 .wps"文稿（下文统称为文稿）的设置为例，学习常用的字体设置选项。可以通过"开始"选项卡的"字体"命令组（图 4.5），或者"字体"对话框进行字体设置。

图 4.5　"字体"命令组

1. 设置字体和字号

在文档编辑中，通常会为不同级别的内容设置不同的字体和字号，以增强文档的层次感和可读性，帮助读者快速识别标题、副标题和正文等各个部分。选中需要设置的文本，在"字体"命令组中的"字体"下拉列表中选择字体样式，例如"黑体"。在"字号"下拉列表中选择或直接输入磅值。

任务：（1）将文稿的标题设置为"黑体""一号"。

（2）将副标题设置为"黑体""二号"。

（3）将正文设置为"宋体""五号"。

操作步骤：

（1）选中文稿标题"风力发电国内外研究进展报告"，将字体设置为"黑体"，字号设置为"一号"。

选择和取消文本的方式如下：

1）选择段落：将鼠标指针放置在目标段落左侧空白区域，单击"段落柄" ，即可选中该段落。

2）选择行：将鼠标指针放置在目标行左侧，当鼠标指针变成箭头形状时单击，即可选中该行；如要选中多行，按住鼠标左键不放，继续拖动，可以选中更多目标行。

3）选择全部文本：可以使用 Ctrl+A 快捷键，也可以通过"开始"选项卡 > "选择" > "全选"选择全部文本。

4）选择连续文本：将鼠标指针放置在目标文本的第一个字前面，按住鼠标左键不放，拖动至目标文本最后一个字后，松开鼠标左键；或者将鼠标指针放置在目标文本的第一个字前面，按住 Shift 键不放，在目标文本最后一个字后单击。

5）选择不连续文本：选中一段文本后，按住 Ctrl 键不放，再选择下一段文本。

6）取消文本：单击任意区域可以取消选中文本。

（2）选中文稿中的副标题"前言""国外研究进展""国内研究进展""行业分析""行业建议"，将"字体"设置为"黑体"，"字号"设置为"二号"。

2. 设置字符间距

在文档的编辑中，通常要为标题或者需要强调的文本设置字符间距，以增强视觉效果。可以在"字体"窗口中对字符间距进行设置，如图 4.6 所示。

任务：为副标题"前言"设置字符间距，两字间距为"1 厘米"。

操作步骤：

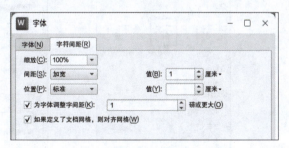

图 4.6　设置字符间距

（1）选中文本"前"。

（2）打开"字体"窗口中。在"开始"选项卡的"字体"命令组中，单击右下角的对话框启动器 ，打开"字体"窗口；或在选中文本上右击，选择"字体"，也可打开"字体"窗口。

（3）在打开的"字体"窗口中，选择"字符间距"选项卡。

（4）单击"间距"的下拉菜单，选择"加宽"，"值"设置为"1 厘米"。

3．设置首字下沉

首字下沉通常用于文章的开头或章节的标题，通过放大段落的第一个字符并让其下沉到文字基线以下，从而增加吸引力。可以通过"插入"菜单下的"首字下沉"进行设置，如图 4.7 所示。

任务：在前言部分中，为第一段设置首字下沉。

操作步骤：

（1）选择前言部分第一自然段，或将插入点设置在第一自然段。

（2）选择"插入" >"首字下沉"。

（3）在"首字下沉"窗口中，"位置"选择"下沉"，"字体"设置为"黑体"，"下沉行数"设置为"2"，下沉文本"距正文"设置为"0.5 厘米"。

4．设置字体加粗、倾斜、下划线、颜色

字体加粗、倾斜、下划线和颜色等设置在文本编辑中具有重要的作用，可以帮助读者迅速识别和区分关键信息、标题和需要强调的内容，还能增强文档的视觉吸引力和可读性。可以在"开始"选项卡的"字体"命令组或"字体"对话框中进行设置。

任务：将前言部分中的文字"可持续的清洁能源"设置为"加粗 倾斜""双下划线""红色"。

操作步骤：

（1）选中前言部分中的文本"可持续的清洁能源"。

（2）打开"字体"窗口，选择"字体"选项卡，"字形"选择"加粗 倾斜"，"字体颜色"选择"红色"，"下划线线型"选择"双下划线"类型，如图 4.8 所示。

图 4.7　设置首字下沉

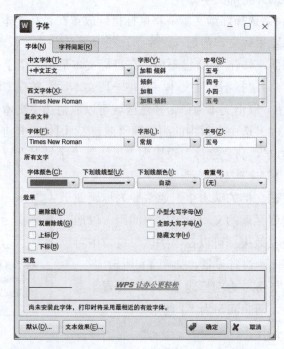

图 4.8　在"字体"窗口中设置字体

5．设置字符底纹和着重号

在文档的编辑中，也可以使用字符底纹和着重号来强调文字内容。

任务：为前言部分中的文字"在众多可再生能源中，风力发电因其清洁、稳定和资源丰富的特点，受到了广泛关注"设置字符底纹，并添加"."类型着重号。

操作步骤：

（1）选中前言部分中的文字"在众多可再生能源中，风力发电因其清洁、稳定和资源丰富的特点，受到了广泛关注"。

（2）设置字符底纹。在"开始"选项卡的"字体"命令组中，单击"字符底纹"按钮。

（3）设置着重号。打开"字体"窗口，选择"字体"选项卡，着重号选择"."类型。效果如图 4.9 所示。

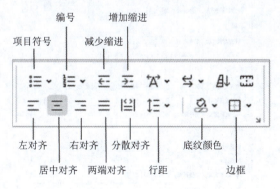

图 4.9 字体底纹和着重号设置效果

6. 设置突出显示

文字底纹通常只限于灰色，而突出显示提供了更丰富的颜色选项。可以在"开始"选项卡的"字体"命令组进行设置。

任务：为行业分析部分中的文字"中国风电行业在技术创新方面表现显著，特别是在海上风电领域，通过技术迭代升级，提高了风电的能源利用效率和发电效率。"设置绿色底纹。

操作步骤：

（1）选中行业分析部分中的文字"中国风电行业在技术创新方面表现显著，特别是在海上风电领域，通过技术迭代升级，提高了风电的能源利用效率和发电效率。"

（2）设置底纹颜色。在"开始"选项卡的"字体"命令组中，找到并单击"突出显示"下拉列表，选择"绿色"。

4.1.3 设计段落格式

在 WPS 文字中，段落设置是文档排版的重要组成部分。通过段落设置，用户可以根据自己的需求调整文档的格式，以达到所需的视觉效果和排版要求。接下来以"风力发电国内外研究进展报告 .wps"文档的设置为例，学习常用的段落设置。"段落"命令组如图 4.10 所示。

段落设置

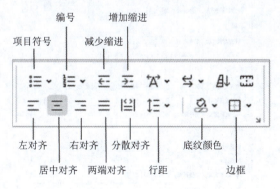

图 4.10 "段落"命令组

1. 设置缩进

设置缩进可以提高文本的结构层次和可读性，区分段落、强调重点内容和符合特定的格式要求，帮助读者更好地浏览文档。常用缩进设置包括首行缩进、悬挂缩进和左右缩进。

任务：对正文中的所有段落设置首行缩进 2 个字符。

操作步骤：选中需要设置首行缩进的所有段落，在"开始"选项卡中，单击"段落"命令组右下角的对话框启动器 ↘，打开"段落"窗口，如图 4.11 所示。在"缩进与间距"选项卡中，将"缩进"栏中的"特殊格式"设置为"首行缩进"，"度量值"默认为"2 字符"。

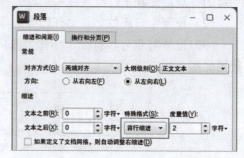

图 4.11　设置首行缩进

2．设置对齐方式

在 WPS 文字中，设置对齐方式是一种基本排版方法，能够确保文本整齐有序地排列。常见对齐方式有左对齐、居中对齐、右对齐、两端对齐和分散对齐。

任务：

（1）将标题及副标题设置为"居中对齐"。

（2）将正文段落设置为"两端对齐"。

操作步骤：

（1）选中标题"风力发电国内外研究进展报告"，单击"开始"选项卡中的"段落"命令组中的"居中对齐"，采用同样的方式，为其他标题设置"居中对齐"。

（2）将鼠标指针移到"国外研究进展"部分，选中第一段，单击"开始"选项卡中的"段落"命令组中的"两端对齐"，采用同样的方式，为其他段落设置"两端对齐"。

3．设置行距

在文档排版中，可以通过设置行距调整行与行之间的距离，使文本清晰易读。常见的行距设置有单倍行距、1.5 倍行距、双倍行距、固定行距和最小行距。

任务：将文档中的行间距设置 1.5 倍间距。

操作步骤：

（1）通过快捷键 Ctrl＋A 选中全文。

（2）在"开始"选项卡中的"段落"命令组中，单击"行距"，选择"1.5"倍。也可以打开"段落"窗口，在"间距"栏中将"行距"设置为"1.5 倍行距"，如图 4.12 所示。

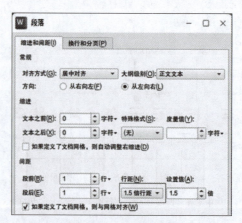

图 4.12　设置行距

4．调整段前段后间距

可以通过设置段前、段后间距来调整段落之间的距离，这个操作主要用于标题或者需要重点强调的文本。

任务：将文档中所有标题的段前、段后间距设置为 1 行。

操作步骤：

（1）选中标题"风力发电国内外研究进展报告"。

（2）打开"段落"对话框，在"缩进与间距"选项卡中，将"间距"栏中的段前、段后间距值设置为"1 行"。

（3）使用同样的方法，为其他标题设置段前、段后间距。

5.添加边框和底纹

为文本、段落或者整篇文档添加边框或底纹，用来突出显示文本内容，可以通过"边框和底纹"窗口进行设置。

任务：为文档最后一个段落添加边框和底纹。

操作步骤：

（1）选中文档最后一个段落。

（2）单击"页面"选项卡 > "页面边框"，打开"边框和底纹"窗口，在"边框"选项卡中选择"方框"，选择一种线型，"应用于"选择"段落"，如图 4.13 所示。

图 4.13　设置段落边框

（3）切换到"底纹"选项卡，填充颜色选择"浅绿，着色 6，浅色 80%"，样式选择"5%"，"应用于"选择"段落"。

6.应用项目符号和编号

设置项目符号和编号是创建列表常用的排版技巧，可以通过"项目符号和编号"进行设置。

任务：

（1）为"行业分析"部分下的"技术发展"增加"钻石菱形"项目符号。

（2）为"行业建议"下的 5 条建议增加编号。

操作步骤：

（1）选中"行业分析"部分下的"技术发展"，在选中的文本上右击，选择"项目符号和编号"，在打开的窗口中选择"项目符号"选项卡，然后选择"钻石菱形"项目符号，如图 4.14 所示。

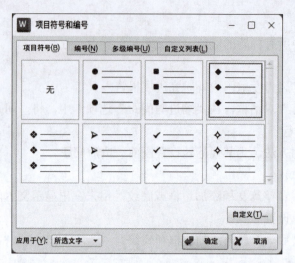

图 4.14　项目符号设置

（2）选中"行业建议"下的 5 条建议，在选中的文本上右击，选择"项目符号和编号"，在打开的窗口中选择"编号"选项卡，然后选择编号样式如图 4.15 所示。

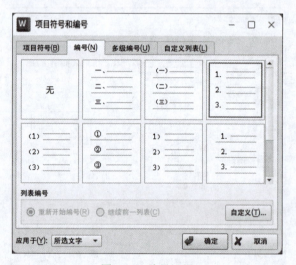

图 4.15　编号设置

7. 使用格式刷

在文档编辑中，经常会为不同的文本或者段落设置相同的格式，此时可以使用格式刷来复制格式。

任务：为"行业分析"部分下的"市场规模、政策支持、风险因素以及行业趋势"等文本增加"钻石菱形"项目符号。

操作步骤：

（1）已经为"行业分析"部分下的"技术发展"添加了"钻石菱形"项目符号，此时将鼠标指针放置在该文本前。

（2）在"开始"选项卡中，单击"格式刷"图标。

（3）依次在"行业分析"部分下的"市场规模、政策支持、风险因素以及行业趋势"等文本前拖动鼠标至选中文本，即可完成格式的复制。

（4）如需取消格式刷，可以再次单击"格式刷"图标，或者按 Esc 键。

4.1.4　使用查找和替换

在文档编辑中，查找和替换功能可以快速放置文档中的特定内容，并对其进行批量替换或编辑，从而极大提升编辑效率，适用于长文档编辑和格式修正。

任务：将文档中的所有"风电"替换为"风力发电"，并将字体格式设置为"字体：加粗，字体颜色：红色"。

使用查找和替换

操作步骤：

（1）选择"开始"选项卡 > "查找替换" > "替换"，打开"查找和替换"窗口。

（2）在"查找内容"处输入"风电"，在"替换为"处输入"风力发电"。

（3）在"格式"下拉列表中选择"字体"选项，打开"查找字体"对话框。

（4）将"字体颜色"设置为"红色"，将"字形"设置为"加粗"，单击"确定"按钮。

（5）在"查找和替换"窗口中，单击"全部替换"按钮，完成操作。如图 4.16 所示。

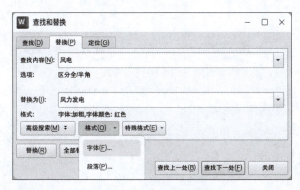

图 4.16　查找和替换设置

4.1.5　设置并套用模板

在 WPS 文字中，用户可以利用模板中预设的页面布局和格式，快速创建专业文档，从而提高工作效率。这种方式适合需要制作电子公文、合同协议、计划报告、演示文稿等标准文档的用户。以下是使用模板的方法：

（1）新建文档。选择"文件"选项卡 > "新建" > "本机上的模板"。

（2）选择模板。在"模板"对话框中，可以看到预设的一些模板，根据自己的需求进行选择，如图 4.17 所示。

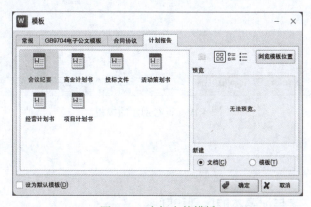

图 4.17　本机上的模板

（3）编辑模板。选择模板后，模板将在 WPS 文字中打开，用户可以根据自己的需求编辑模板内容，如更改文本、调整格式、插入图片等。

（4）如果进行了一些自定义设置并希望保存为模板以供将来使用，可以选择"文件"菜单中的"另存为"，在"另存为"窗口中选择保存位置，并将文件类型选择为"WPS 文字模板文件（*.wpt）"。

任务：将"风力发电国内外研究进展报告"文档设置为模板。

操作步骤：

（1）选择"文件"＞"另存为"。

（2）在"另存为"窗口中，将"文件类型"选择为"WPS 文字 模板文件（*.wpt）"，如图 4.18 所示。设置好模板后，可以在"本机上的模板"＞"常规"选项卡下看到刚才新建的"风力发电国内外研究进展报告"文档模板，如图 4.19 所示。

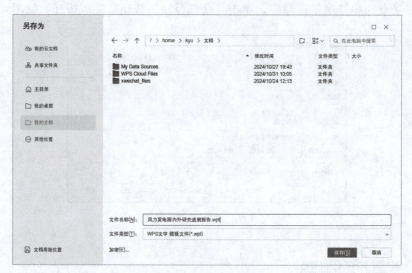

图 4.18　创建模板

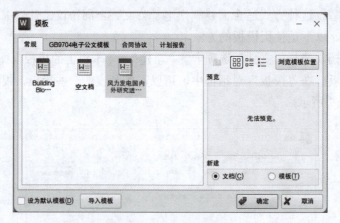

图 4.19　查看创建的模板

知识拓展

4.1.6　WPS 文字与记事本的区别和联系

WPS 文字和记事本都属于文本编辑工具，但它们之间存在一些区别和联系。

1．两者的区别

（1）功能方面。WPS 文字是一个功能丰富的文字处理软件，提供了如字体样式、段落格式、图文混排、表格编辑、图表设计、PDF 转换、文档校对、AI 等功能。而记事本是一个简单的文本编辑器，通常只支持基本的文本编辑，不具备复杂的格式设置。

（2）格式方面。WPS 文字支持多种文件格式，包括但不限于".wps"".doc"".docx"".pdf"".xml"".html"".txt"等。记事本主要支持纯文本格式".txt"，不支持图片、表格和其他多媒体元素。

（3）用户界面。WPS 文字用户界面包含菜单栏、工具栏、状态栏等多个组件，提供了丰富的编辑和排版选项。记事本的用户界面简洁，通常只包含最基本的编辑功能。

（4）技术创新。WPS 文字采用了先进的云计算技术，实现了文档的在线存储，支持多人协作编辑。WPS 文字可以兼容多种操作系统和设备，如 Windows、MacOS、Android、iOS、Linux 等。而记事本是 Windows 的内置程序。

2．两者的联系

（1）WPS 文字和记事本都可用于文本输入和编辑。

（2）两种工具创建的文件都可以被其他用户查看和编辑。

（3）WPS 文字和记事本都能够生成".txt"格式的文本文件。

总的来说，WPS 文字更适用于需要复杂格式的文档编辑，而记事本主要用于需要快速记录的文本草稿和笔记。

技能拓展

4.1.7　设置段落和字体的特殊格式

1．文字效果

在 WPS 文字中，可以根据需要设置字体的样式及效果，如阴影、倒影、发光、三维格式等效果；也可以通过"开始"选项卡中的"文字效果"进行设置。

2．上标和下标

在设置数学公式、化学公式、脚注尾注时，常使用该功能。该功能按钮在"开始"选项卡中的字体设置区域。

设置上标和下标也可以使用快捷键，选中要设置成上标或下标的文字，再分别使用 Ctrl+Shift+= 和 Ctrl+= 快捷键即可。

3．清除格式

选中一段文本，使用该功能可以用来清除这段文本的格式设置。

4．删除线

在文本编辑中，尤其是对文本进行审核时，经常用到"删除线"，用来标记将内容进行删除。

5．双行合一

在制作请柬、证书或公文时，有时需要将两行文字显示在一行中，这时可以通过"开始"选项卡＞"段落"命令组中的"中文版式"按钮进行设置。

素质拓展

4.1.8　中国人的骨气——WPS Office 办公软件

WPS Office 是由北京金山办公软件股份有限公司（简称金山公司）自主研发的一款办公软件套装。从 1989 年推出 WPS 1.0 版本以来，WPS Office 一直在不断创新，以满足广大用户需求和市场发展。该公司是中国软件行业自主创新的典范。

金山公司始终坚持自主创新，以用户需求为导向，不断进行产品升级和服务优化。WPS Office 作为一个一站式的办公服务平台，不仅支持多人在线协作编辑文档，还提供了丰富的模板和高效的文档技巧。此外，金山文档的云服务功能，如多人协作、安全控制、完美兼容等，体现了金山软件在追求技术创新和满足用户需求上的努力。

WPS Office 不仅在国内市场拥有庞大的用户群体，而且在海外市场也取得了显著的成绩。在权威数据机构 Sensor Tower 公布 2022 年度亚洲奖项中，WPS Office 获得了"最佳办公应用"奖项，成为史上首个获得该奖项的办公软件。

未来，金山公司将持续凭借技术创新和客服服务，为全球用户提供更优质的办公体验。

技能测试

打开 WPS 文字文稿"青春因奋斗而精彩 .docx"，按以下要求完成文稿的排版。

（1）将文稿标题"青春因奋斗而精彩"字体设置为"微软雅黑""二号"，字符间距设置为"加宽""5 磅"，对齐方式设置为"居中对齐"。

（2）将文稿正文第一段（自"青春是一种令人羡慕的资本"至"青春因挫折而飞扬，青春因奋斗而精彩"）文本字体设置为"楷体""四号"，并为该段设置首字下沉，位置为"下沉"，下沉行数为"2 行"，距正文"1 厘米"。段前间距设置为"0.5 行"，首行缩进 2 字符。

（3）将文稿正文第二段、第三段（自"青春需要耐心、恒心和勇气"至"去收获属于我们的精彩"）文本字体设置为"楷体""16"，并添加带填充效果的"钻石菱形"项目符号（◆）。

（4）将文稿中所有的文本"青春"的字体设置为"红色""加粗"。

（5）将文稿正文第四段（自"青春因奋斗而精彩"至"青春是不固执，不偏激，不保守，不僵化的时代"）文本字体设置为"仿宋""四号"，行间距设置为"1.5 倍"。

（6）将文稿正文最后两段（自"青春时代是人生大放光彩的时代"至"是最艰苦的时候，青春因奋斗而精彩"）文本字体设置为"仿宋""16 号"，并为这两段文字添加底纹，底纹颜色设置为"浅蓝"，应用于"文字"。

（7）为整篇文档设置一个页面边框，线型为"双实线"，颜色为"红色"，宽度为"1.5 磅"。

任务 4.2　编辑消防安全检查简报

任务描述

小琪是学校新闻社的成员，负责报道学校的最新动态和重要活动。最近，学校为了提高师生的消防安全意识，确保校园安全，开展了一系列的消防安全检查活动。作为新闻社的一员，小琪需要撰写一篇关于这次活动的简报。

　　在本任务中，将通过编辑"消防安全检查简报"，学习 WPS 文字的基本操作，包括插入并编辑图片、文本框，插入并编辑图表，插入符号，分栏等操作，从而提升图文综合文档的编辑技能。效果如图 4.20 所示。

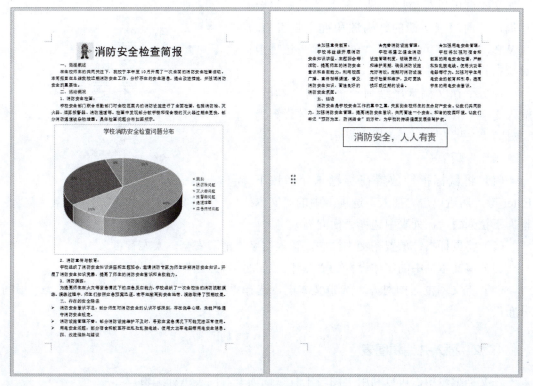

图 4.20　"消防安全检查简报"效果图

相关知识

4.2.1　插入并编辑图片、文本框

1．插入图片

　　插入图片是一种非常有效的方法，它不仅能够直观地传达信息，还能支持和补充文本内容，提高文档的可读性和吸引力。通过视觉元素的辅助，图片还能美化文档，使信息传递更加高效，同时也有助于增强读者的理解和记忆。在 WPS 文字中，可以利用"图片工具"选项卡，对插入的图片进行编辑。

插入并编辑图片、文本框

　　任务：在文档标题文字"消防安全检查简报"前插入素材图片"消防员 .jpg"。

　　操作步骤：

　　（1）将鼠标指针移动至目标位置。

　　（2）选择"插入"选项卡 > "图片" > "本地图片"。

　　（3）在"插入图片"窗口中，找到并双击素材图片"消防员 .jpg"，完成图片插入。

　　（4）编辑图片。

　　1）选中图片，选择菜单栏上的"图片工具"选项卡，将"环绕方式"设置为"浮于文字上方"。也可以单击图片右侧的"布局选项"图标进行设置，如图 4.21 所示。

　　2）根据文档的内容，对图片的大小及位置进行调整。在设置图片大小时，如果不想改变图片的宽高比，可以勾选"图片工具"中"大小和位置"命令组中的"锁定纵横比"，再拖动选中图片的控制点进行缩放。此外，也可以双击图片，打开"设置对象格式"窗口，对图片进行编辑。

2．插入文本框

文本框可以与图片、图表等其他元素组合布局，从而增强文档的结构性和视觉吸引力。在 WPS 文字中，可以利用"文本工具"选项卡对绘制的文本框进行编辑。

任务：在文稿末尾绘制一个横向文本框，输入文字"消防安全，人人有责"，字体设置为"黑体""二号""红色""居中显示"。

操作步骤：

（1）将鼠标指针放置在标题末尾，按下 Enter 键。然后单击"插入"选项卡中的"文本框"下拉列表，在列表中选择"横向"。

图 4.21　设置图片环绕方式

（2）将鼠标指针放置在文本框中，输入文字"消防安全，人人有责"。

（3）将文本框中的字体设置为"黑体""二号""红色""居中显示"。

（4）将文本框居中对齐。选中文本框，选择"绘图工具"选项卡 >"对齐">"横向分布"。

4.2.2　插入并编辑图表

插入并编辑图表

在文档编辑中，可以利用"图表工具"选项卡对图表进行编辑。

任务：在文本"具体检查问题分布如图所示。"后，插入"学校消防安全检查问题分布"图表，并按要求完成对图表的编辑。

操作步骤：

（1）将鼠标指针移动至文本"具体检查问题分布如图所示。"之后，按下 Enter 键换行。

（2）插入图表。选择"插入"选项卡 >"图表">"饼图">"三维饼图"，如图 4.22 所示。

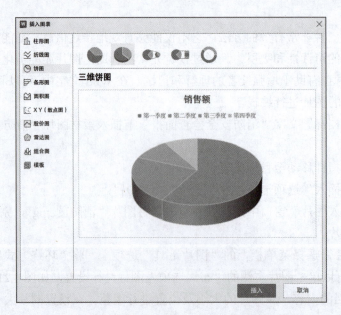

图 4.22　插入图表

（3）编辑数据。选中图表，单击"图表工具"选项卡下的"编辑数据"，在打开的表格中输入图 4.23 中的内容。

学校消防安全检查问题分布

消防栓问题	3
灭火器问题	8
报警器问题	2
通道堵塞	6
应急照明问题	1

图 4.23　输入内容

（4）编辑图表。选中图表，单击图表右侧的"图表元素"，在"快速布局"选项卡下选择"布局 6"，效果如图 4.24 所示。

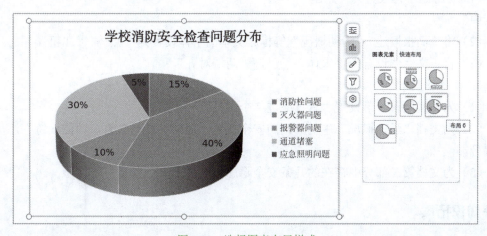

图 4.24　选择图表布局样式

4.2.3　插入符号

在文档编辑中，经常会输入一些特殊的符号，如货币符号、判断对错符号、数学符号以及一些生僻字，此时可以通过"插入"选项卡中的"符号"来录入。

任务：对第四部分"改进措施与建议"，在每一条改进措施前插入符号"★"。

操作步骤：

（1）将鼠标指针放置在文本"加强宣传教育"前。

（2）选择"插入"选项卡 >"符号">"其他符号"，在"符号"选项卡中选择"★"，完成插入，如图 4.25 所示。采用相同的方式，完成剩余操作。

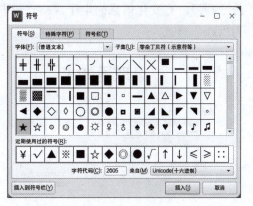

图 4.25　插入特殊符号

4.2.4　设置分栏

在文档编辑中，设置分栏可以让文档的布局更加多样化。该方式主要适用于制作报纸、杂志、简报等，可以通过"页面"选项卡中的"分栏"来设置。

设置分栏

任务：将文档第四部分"改进措施与建议"分为 3 栏，栏宽相等。

操作步骤：

（1）选中文本（自"加强宣传教育："至"加强对学生用电安全的教育和引导，提高学生的用电安全意识。"）。

（2）选择"页面"选项卡 >"分栏"> "更多分栏"，"栏数"设置为"3"，"栏宽相等"默认勾选，如图 4.26 所示。

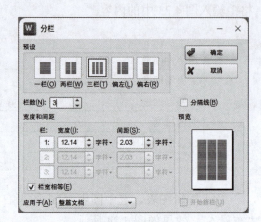

图 4.26　设置分栏

4.2.5　完善简报编辑

1. 字体设置

（1）将标题字体设置为"黑体""一号""水平居中"。

（2）将"简报概述""活动概况"等标题文本的字体设置为"黑体""加粗"。

（3）将正文字体设置为"宋体""五号""两端对齐"。

2. 段落设置

（1）为正文所有段落设置"首行缩进 2 个字符"。

（2）为文档"活动概况"中的"消防安全检查、消防宣传与教育、消防演练"添加数字编号。

（3）为文档第三部分中存在的几条安全隐患添加"箭头"项目符号。

🔗 知识拓展

4.2.6　探索"邮件合并"功能

在 WPS 文字中，使用"邮件合并"功能，可以批量生成多份指定样式的文档，如通知书、邀请函、工资条、奖状等。接下来，以录取通知书为例，对"邮件合并"功能的实现进行介绍。

（1）准备数据。一份主文档，有共有内容和统一样式的文档"录取通知书 .docx"；一份数据源，有变化信息的电子表格"录取名单 .xls"，如图 4.27 所示。注意，表格需保存为".xls"格式。

探索"邮件合并"功能

录取通知书

尊敬的　　　同学，
　　恭喜你成为我校新生，你已被我校　　　学院　　　专业录取！请持本通知书于 20XX 年 9 月 15 日到校报到！

录取通知书编号：

XXXXXXX 大学
20XX 年 XX 月 XX 日

序号	姓名	学院	专业	通知书编号
1	徐杉杉	信息学院	计算机应用技术	2024XJB0001
2	谭文文	外语学院	英语	2024XJB0002
3	李亚玲	人文学院	三维动画	2024XJB0003
4	张子枫	管理学院	物流管理	2024XJB0004
5	成功	体育学院	冰雪	2024XJB0005
6	薛少卿	外语学院	俄语	2024XJB0006

图 4.27　准备数据

（2）打开主文档。打开主文档"录取通知书 .docx"，选择"引用"选项卡 >"邮件合并"。

（3）选择数据源。在"邮件合并"选项卡中，单击"打开数据源"，在"选取数据源"窗口中选择准备好的表格"录取名单 .xls"。

（4）插入合并域。在文档中需要插入信息的位置单击"插入合并域"，选择相应的数据字段插入。以录取通知书为例，在姓名、学院、专业和录取通知书编号的位置单击"插入合并域"后，效果如图 4.28 所示。

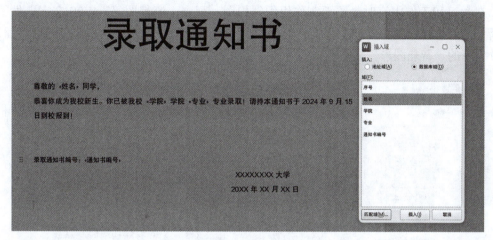

图 4.28　插入合并域

（5）预览合并效果。可以通过"查看合并数据"按钮，查看每份文档的合并效果，确保信息正确。单击"上一条""下一条"可逐个进行预览，如图 4.29 所示。

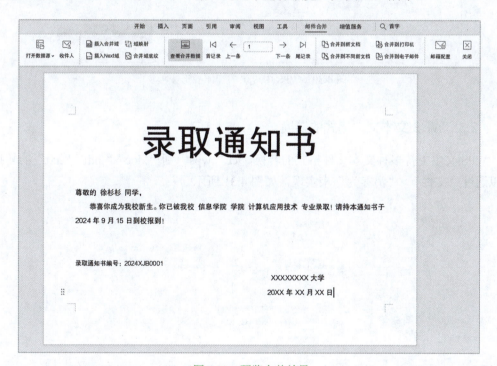

图 4.29　预览合并效果

（6）完成合并。信息确认无误后，可以按需选择"合并到新文档""合并到不同新文档""合并到打印机""合并到电子邮件"等选项，完成合并。在本例中，选择"合并到新文档"。

"邮件合并"功能可以显著提高办公效率，尤其是处理大量需要个性化的文档时。通过以上步骤，即使是大量重复性的工作也能变得简单快捷。

📢技能拓展

4.2.7　插入智能图形

在学习和工作中有时会需要制作组织结构图、列表、流程图等。WPS 文字提供了多种智能图形模板，使得非专业人士也能快速上手，如图 4.30 所示。用户可以通过"插入"选项卡下的"智能图形"来绘制。

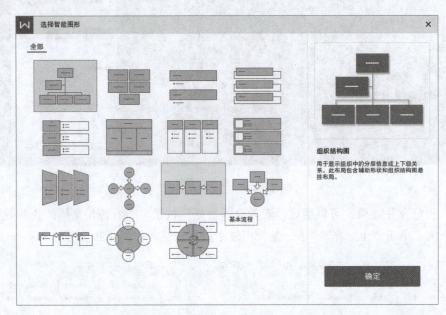

图 4.30　WPS 中提供的智能图形模板

4.2.8　WPS 文本文件格式的转换

WPS 文字支持多种文本文件格式的转换，如".wps"到".doc"".pdf"".txt"的转换，可以通过"文件">"另存为"来实现，如图 4.31 所示。

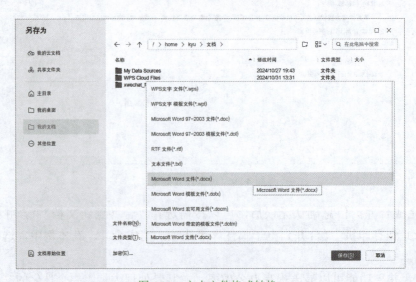

图 4.31　文本文件格式转换

技能测试

打开 WPS 文字文稿“传递正能量 .docx”，按要求完成文稿的排版。

（1）将文稿标题“传递正能量”字体设置为“微软雅黑”“小一”，字符间距设置为“加宽”“5 磅”，对齐方式设置为“居中对齐”。

（2）将文稿正文所有段落（自“咱学校出了新墙画”至“快乐地把正能量传递给周围的人”）设置为“仿宋”“四号”，首行缩进 2 字符，段前、段后间距设置为“0.5 行”。

（3）为文稿正文第一段文字（自“咱学校出了新墙画”至“互相帮助、绿色环保”）字体设置为“蓝色”“加粗”，并为该段设置首字下沉，位置为“下沉”，下沉行数为“2 行”，距正文“1 厘米”。

（4）为文稿正文第二段中文字“《环保宝贝》”添加底纹，底纹颜色为“黄色”，图案样式设置为“10%”，图案颜色设置为“深红”，应用于文字。并将该段文本分为两栏，栏宽相等。

（5）为文稿正文第三段（自“我还喜欢互相帮助组合画”至“还有下雨时得到爱心伞的快乐的同学们”）添加边框，边框线型为“单实线”，颜色为“绿色”，宽度为“2.25 磅”，应用于“段落”。

（6）在文稿正文最后一段插入图片（“传递正能量 .jpg”），将图片的环绕方式设置为“四周型环绕”，并将图片移动到该段最右侧位置上。

（7）在文稿末尾绘制一个横向文本框，输入文字“快乐传递正能量”，字体设置为“黑体”“二号”“深蓝”“居中对齐”。

任务 4.3　编辑图书采购单

任务描述

小琪作为图书馆的学生助理，负责定期更新图书馆的图书资源。为了规范图书采购流程，需要使用 WPS 文字编辑一份详细的图书采购单。图书采购单需要包含出版社信息、图书详情、订购数量、单价、总价以及供应商等关键信息。效果如图 4.32 所示。

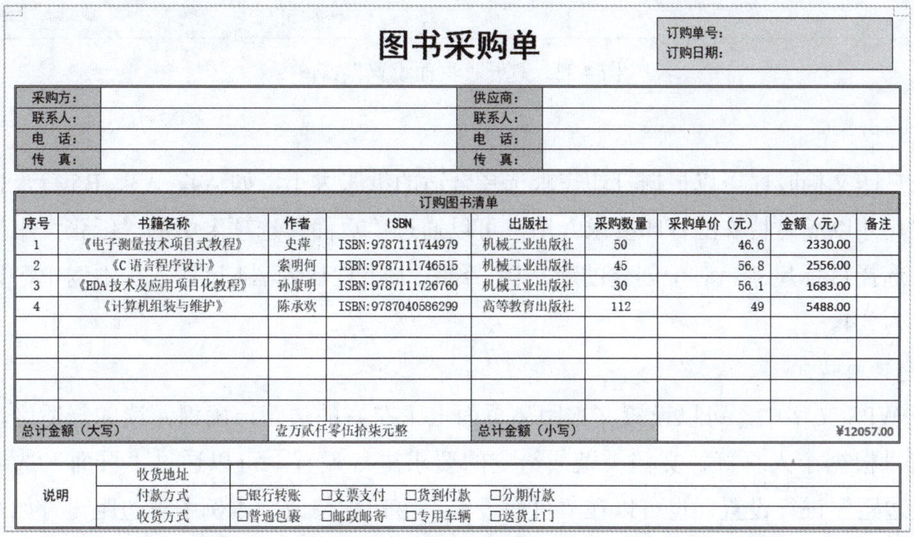

图书采购单

订购单号：
订购日期：

采购方：		供应商：	
联系人：		联系人：	
电　话：		电　话：	
传　真：		传　真：	

订购图书清单								
序号	书籍名称	作者	ISBN	出版社	采购数量	采购单价（元）	金额（元）	备注
1	《电子测量技术项目式教程》	史萍	ISBN:9787111744979	机械工业出版社	50	46.6	2330.00	
2	《C 语言程序设计》	索明何	ISBN:9787111746515	机械工业出版社	45	56.8	2556.00	
3	《EDA 技术及应用项目化教程》	孙康明	ISBN:9787111726760	机械工业出版社	30	56.1	1683.00	
4	《计算机组装与维护》	陈承欢	ISBN:9787040586299	高等教育出版社	112	49	5488.00	
总计金额（大写）		壹万贰仟零伍拾柒元整		总计金额（小写）		¥12057.00		

说明	收货地址	
	付款方式	□银行转账　□支票支付　□货到付款　□分期付款
	收货方式	□普通包裹　□邮政邮寄　□专用车辆　□送货上门

图 4.32　“图书采购单”效果图

✏️ 💬➡️ **相关知识**

4.3.1　设置页面格式

在 WPS 文字中，页面设置是调整文档页面布局的重要功能，主要包括纸张方向、页边距、纸张大小等基本设置。新建文档"图书采购单 .docx"，并对文档进行以下页面设置。

1. 纸张方向

设置纸张方向是一个基本的排版步骤，用户根据文档的内容和设计需求选择"纵向"或"横向"布局。"纵向"适用于大多数文档；"横向"则适用于需要宽版面展示的内容，如图表或宽幅文本等。

任务：将文档"图书采购单 .docx"纸张方向设置为"横向"。

操作步骤：

方法一：打开文档，在"页面"选项卡中选择"纸张方向"中的"横向"。

方法二：在"页面"选项卡中，单击"页面设置"命令组右下角的对话框启动器 ↘ ，在"页面设置"窗口中进行设置，如图 4.33 所示。

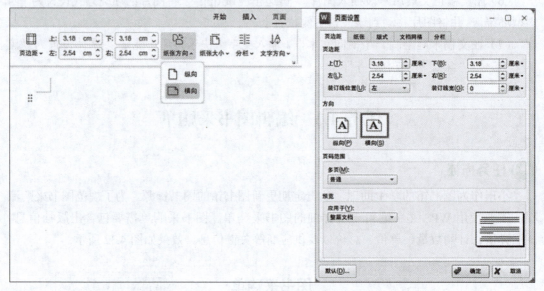

图 4.33　打开"页面设置"窗口

2. 纸张大小

在打印文档时，可以根据打印需求选择合适的纸张大小，如 A4、A3、B5 等，也可以自定义尺寸以满足特殊的打印要求。用户可以通过"页面"选项卡中的"纸张大小"下拉列表，选择目标尺寸。对于创建的新文档，纸张大小默认为 A4 尺寸。在本例中，设置纸张大小为 A4。

3. 页面边距

在 WPS 文字中，可以设置文本距离页面上下左右的边距，确保阅读的舒适度。具体数值可以根据个人喜好、文档类型或给定的要求进行设置。可以通过"页面"选项卡中的"页边距"进行设置，也可以在"页面设置"窗口中修改。本例中页边距设置如图 4.34 所示。

图 4.34　设置页边距

制作表格

4.3.2　制作表格

虽然 WPS 表格提供了更专业的表格编辑功能，但在 WPS 文字中编辑表格，可以方便地创建包含表格与其他文本、图片等元素的综合性文档。下面介绍几种创建表格的方法。

1 ．插入表格

（1）自动创建表格。单击"插入"选项卡 >"表格"，通过滑动鼠标设置表格的行列数量，如图 4.35 所示。

（2）通过"插入表格"创建表格。单击"插入"选项卡 >"表格">"插入表格"，在"插入表格"对话框中输入列数和行数，如图 4.36 所示。

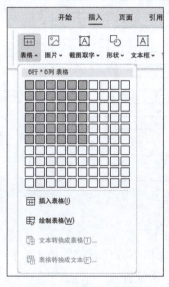

图 4.35　自动创建表格

图 4.36　通过"插入表格"创建表格

（3）手工绘制表格。选择"插入"选项卡 >"表格">"绘制表格"，这时鼠标指针会变成一支笔的形状，在要插入表格的位置，拖动鼠标绘制表格，根据鼠标拖动的区域大小，WPS 文字处理软件会自动按照预设的行高列宽来设置行数和列数，如图 4.37 所示。

图 4.37　手工绘制表格

在手工绘制表格时，也可以通过"方向键"来调整行数和列数。例如，可以通过"左方向键"减少列数，通过"下方向键"减少行数。

（4）通过"插入对象"绘制表格。选择"插入"选项卡 >"附件">"对象"。在打开的"插入对象"窗口中，选择"对象类型"为"XLSX 工作表"，单击"确定"，如图 4.38 所示。

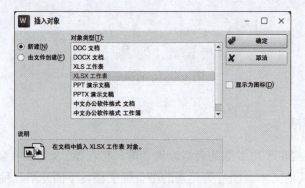

图 4.38　通过"插入对象"绘制表格

任务：绘制表格，如图 4.39 所示。

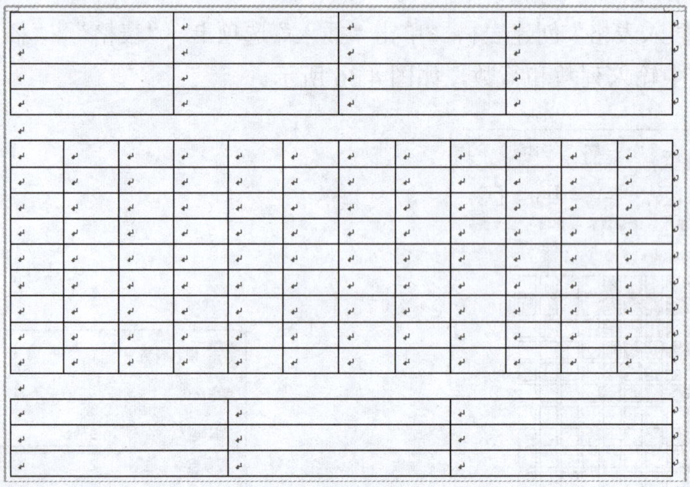

图 4.39　绘制表格雏形

操作步骤：用上述任意方法创建 3 个表格。

（1）创建表格一，绘制一个 4 行 4 列的表格。在表格下方任意位置单击，将插入点位置设置到表格下方新的段落行。然后按 Enter 键进行一次换行。

（2）创建表格二，绘制一个 12 行 9 列的表格。在表格下方按 Enter 键换行。

（3）创建表格三，绘制一个 3 行 3 列的表格。

2．选取表格中的对象

在对表格的操作中，常常需要选取表格、行、列或单元格，选取方法如下。

（1）选取整个表格。

方法一：将鼠标指针放置在表格任意一个单元格内，选择"表格工具"选项卡 >"选择" >"表格"。

方法二：将鼠标指针放置在表格任意一个单元格内，右击，在右键菜单中选择"全选表格"。

方法三：将鼠标指针放置在表格任意一个单元格内，此时表格左上角会出现表格移动控点，单击表格移动控点或按住鼠标右键拖动整个表格。

（2）选取行。

方法一：将鼠标指针放置在目标行任意一个单元格内，选择"表格工具"选项卡 >"选择" >"行"。

方法二：将鼠标指针放置在目标行的左侧空白处，使指针变成箭头向右上图标，单击即可选中目标行，拖动鼠标左键即可选中连续多行。

（3）选取列。

方法一：将鼠标指针放置在目标列任意一个单元格内，选择"表格工具"选项卡 >"选择">"列"。

方法二：将鼠标指针放置在目标列顶端边框处，使指针变成实心箭头向下图标，单击即可选中目标列，拖动鼠标左键即可选中连续多列。

（4）选取单元格。

方法一：将鼠标指针放置在目标单元格内，选择"表格工具"选项卡 >"选择">"单元格"。

方法二：将鼠标指针移动到单元格的左边框上，使指针变成实心箭头向右上图标，单击即可选中目标单元格，拖动鼠标左键即可选中连续多个目标单元格。

（5）选取不相邻的对象。单击要选取的第一个对象，按住 Ctrl 键，再单击所需的其他对象，这里的对象可以是表格、行、列或单元格。

3．合并单元格

在制作表格时，通常在创建标题行或者汇总行列中的数据时，要用到合并单元格的功能，该功能可以将两个或多个相邻的单元格合并成一个大单元格。

在 WPS 文字中，有两种常用的方式可以合并表格中单元格：

方法一：通过"表格工具"选项卡中的"合并单元格"来实现。

方法二：通过"表格工具"选项卡中的"擦除"来实现。

任务：对图 4.39 中的表格进行单元格合并。

操作步骤：

（1）将第二个表格的第一行合并。选中要合并的单元格，单击"表格工具"选项卡中的"合并单元格"，就完成了合并。

（2）将第二个表格最后一行的第一和第二个单元格合并，第三和第四个单元格合并，第五和第六个单元格合并，最后三个单元格合并。单击"表格工具"选项卡中的"擦除"，此时，鼠标指针变成一个橡皮的形状，把鼠标指针放在要擦除的线条上，单击鼠标即可。

（3）将第三个表格的第一列所有单元格合并。

4.3.3　按要求编辑图书采购单

1．调整行高和列宽

编辑图书采购单

将素材中文本复制到表格中，如图 4.40 所示。此时会发现表格中文本分布不均匀，可以根据单元格中的文本内容对行高和列宽进行调整，使得文档在视觉效果上有更好的体验。

接下来，介绍三种调整行高和列宽的方法：

方法一：自动调整。通过"表格工具"选项卡中的"自动调整"进行调整。

方法二：手动调整。一般经过自动调整后，表格就比较美观了，但如果部分行列仍需要调整，可以通过手动方式实现。将鼠标指针放置在两行或两列的中间边框上，使其变成上下或者左右双向箭头，此时，单击并拖动鼠标即可调整行高和列宽。

方法三：通过"表格工具"来进行设置。

任务：对输入内容后的表格调整行高和列宽。

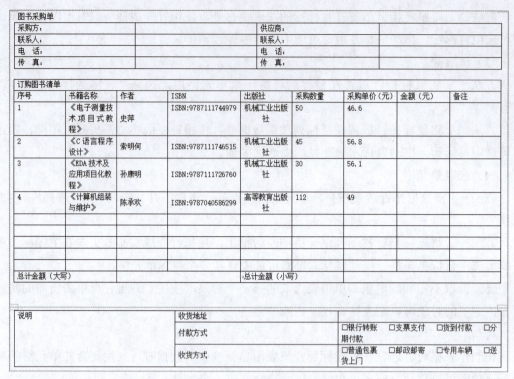

图书采购单

采购方：		供应商：	
联系人：		联系人：	
电　话：		电　话：	
传　真：		传　真：	

订购图书清单

序号	书籍名称	作者	ISBN	出版社	采购数量	采购单价（元）	金额（元）	备注
1	《电子测量技术项目式教程》	史萍	ISBN:9787111744979	机械工业出版社	50	46.6		
2	《C语言程序设计》	索明何	ISBN:9787111746515	机械工业出版社	45	56.8		
3	《EDA技术及应用项目化教程》	孙康明	ISBN:9787111726760	机械工业出版社	30	56.1		
4	《计算机组装与维护》	陈承欢	ISBN:9787040586299	高等教育出版社	112	49		
总计金额（大写）				总计金额（小写）				

说明	收货地址	
	付款方式	□银行转账　□支票支付　□货到付款　□分期付款
	收货方式	□普通包裹　□邮政邮寄　□专用车辆　□送货上门

图 4.40　输入表格内容

操作步骤：

（1）调整表格一。根据文本长度，对列宽进行设置。将第一列和第三列的宽度设置为 "2.5 厘米"，第二列和第四列的宽度设置为 "10 厘米"。选中第一列，选择 "表格工具"选项卡，在 "表格属性" 区域中，保持行高 "0.55 厘米" 不变，将列宽修改为 "2.5 厘米"，如图 4.41 所示。按照相同的方式设置其他列的宽度。

（2）调整表格二。表格二的文本较多且分布不均匀，可以通过 "自动调整" 来设置。选中表格，选择 "表格工具" 选项卡，单击 "自动调整" 按钮，选择 "根据内容调整表格"，如图 4.42 所示。

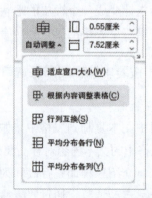

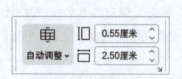

图 4.41　设置行高和列宽　　　　　图 4.42　自动调整表格行高和列

效果如图 4.43 所示，此时可以通过 "自动调整" 列表下的 "适应窗口大小" 来解决图中出现的问题。

（3）调整表格三。采用和表格二相同的方式进行调整。先 "根据内容调整表格"，然后再通过 "适应窗口大小" 来调整表格宽度。效果如图 4.44 所示。

图书采购单									
采购方：					供应商：				
联系人：					联系人：				
电　话：					电　话：				
传　真：					传　真：				

订购图书清单								
序号	书籍名称	作者	ISBN	出版社	采购数量	采购单价（元）	金额（元）	备注
1	《电子测量技术项目式教程》	史萍	ISBN:9787111744979	机械工业出版社	50	46.6		
2	《C 语言程序设计》	索明何	ISBN:9787111746515	机械工业出版社	45	56.8		
3	《EDA 技术及应用项目化教程》	孙康明	ISBN:9787111726760	机械工业出版社	30	56.1		
4	《计算机组装与维护》	陈承欢	ISBN:9787040586299	高等教育出版社	112	49		
总计金额（大写）				总计金额（小写）				

说明	收货地址				
	付款方式	□银行转账	□支票支付	□货到付款	□分期付款
	收货方式	□普通包裹	□邮政邮寄	□专用车辆	□送货上门

图 4.43　自动调整表格行高和列宽效果图

图书采购单									
采购方：					供应商：				
联系人：					联系人：				
电　话：					电　话：				
传　真：					传　真：				

订购图书清单								
序号	书籍名称	作者	ISBN	出版社	采购数量	采购单价（元）	金额（元）	备注
1	《电子测量技术项目式教程》	史萍	ISBN:9787111744979	机械工业出版社	50	46.6		
2	《C 语言程序设计》	索明何	ISBN:9787111746515	机械工业出版社	45	56.8		
3	《EDA 技术及应用项目化教程》	孙康明	ISBN:9787111726760	机械工业出版社	30	56.1		
4	《计算机组装与维护》	陈承欢	ISBN:9787040586299	高等教育出版社	112	49		
总计金额（大写）				总计金额（小写）				

说明	收货地址				
	付款方式	□银行转账	□支票支付	□货到付款	□分期付款
	收货方式	□普通包裹	□邮政邮寄	□专用车辆	□送货上门

图 4.44　调整行高和列宽后的效果

2．添加边框和底纹

在 WPS 文字中，可以为表格添加边框和底纹，增强表格的可读性和美观性。可以通过"边框和底纹"窗口来进行设置。

任务一：将 3 个表格的外边框的线条设置为"双实线"。

操作步骤：

（1）选中表格一，选择"表格样式"选项卡，单击"边框"下拉列表按钮，选择"边框和底纹"，打开"边框和底纹"窗口。

（2）在"边框"选项卡中,选择"自定义"设置，"双实线"线型，将以上设置应用到上、下、左、右 4 个边框。如图 4.45 所示。

图 4.45　设置边框

（3）用同样的方法，将另外两个表格外边框的线条设置为"双实线"。

任务二：为指定单元格添加底纹。

操作步骤：选中目标单元格，单击"表格样式"选项卡中的"底纹"，将底纹颜色设置为"白色，背景 1，深色 15%"，效果如图 4.46 所示。

图书采购单								
采购方：					供应商：			
联系人：					联系人：			
电　话：					电　话：			
传　真：					传　真：			

订购图书清单								
序号	书籍名称	作者	ISBN	出版社	采购数量	采购单价（元）	金额（元）	备注
1	《电子测量技术项目式教程》	史萍	ISBN:9787111744979	机械工业出版社	50	46.6		
2	《C 语言程序设计》	索明何	ISBN:9787111746515	机械工业出版社	45	56.8		
3	《EDA 技术及应用项目化教程》	孙康明	ISBN:9787111726760	机械工业出版社	30	56.1		
4	《计算机组装与维护》	陈承欢	ISBN:9787040586299	高等教育出版社	112	49		
总计金额（大写）					总计金额（小写）			

说明	收货地址				
	付款方式	□银行转账	□支票支付	□货到付款	□分期付款
	收货方式	□普通包裹	□邮政邮寄	□专用车辆	□送货上门

图 4.46　设置边框和底纹后的效果图

3．编辑文本

（1）对于标题"图书采购单"，将字体设置为"黑体""一号""加粗""居中对齐"。段后间距设置为"0.5 行"。

（2）对于表格中的重要内容，将字体设置为"黑体"。

（3）将"采购单价"列、"金额"列和"小写金额"数值所在单元格的对齐方式设置为"右对齐"，其余单元格内容设置为"水平居中对齐"，所有单元格设置为"垂直居中对齐"。

4．插入文本框

（1）在页面右上角插入文本框，输入"订购单号："和"订购日期："，字体设置为"黑体"，根据文本内容调整其大小和位置。

（2）对文本框进行填充。双击文本框边框，或者右击文本框边框，在弹出的快捷菜单中选择"设置对象格式"，此时会在窗口右侧弹出文本框的属性设置，如图 4.47 所示。

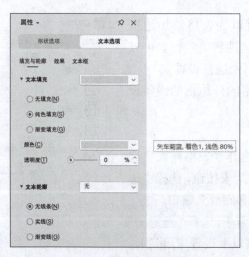

图 4.47　设置文本框属性

4.3.4　在表格中使用公式

在 WPS 文字中，可以在表格中使用公式来自动计算数据，如求和、求平均值等。在编辑图书采购单时，可以利用公式快速计算总金额或其他相关数据。

在表格中使用公式

任务：用公式计算每种书的总金额和所有图书的总金额。

1．插入公式

先将第二个表格中的数字序号删除。需要特别注意的是：如果不删除数字序号，在用 PRODUCT（LEFT）公式计算金额时，序号列中的数字会参与计算，如图 4.49（b）所示。

（1）将鼠标指针放置在序号为 1 的书所对应的"金额"单元格中。

（2）单击"表格"工具中的"ƒx 公式"按钮，在打开的"公式"窗口中进行如图 4.48 所示的设置。

图 4.48　插入公式

"数字格式"下拉框用来设置数字显示的格式，本例选择的是"0.00"，即数字保留两位小数。"粘贴函数"下拉框用来选择需要使用的函数，本例选择的是"PRODUCT"函数，是乘法函数。"表格范围"下拉框用来选择参与计算的数据，本例选择的是"LEFT"，表示目标单元格的值等于该单元格左侧数据的乘积。函数参数有多个选项，大家可以在以后的使用中进行探索。

2．复制公式

在计算其他图书的金额时，同样可以使用公式来自动计算。这时，可以将刚才设置的公式复制到其他单元格里。

（1）对刚才设置公式的单元格进行复制。

（2）粘贴到目标单元格中，但是金额没有变化，如图 4.49（a）所示。此时需要选中目标单元格，按 F9 键对域进行更新，如图 4.49 所示。

采购数量	采购单价（元）	金额（元）
50	46.6	2330.00
45	56.8	2330.00
30	56.1	2330.00
112	49.0	2330.00

（a）更新前

采购数量	采购单价（元）	金额（元）
50	46.6	2330.00
45	56.8	5112.00
30	56.1	5049.00
112	49.0	21952.00

（b）更新后

图 4.49　复制公式

（3）计算总金额。

1）计算小写总金额：将鼠标指针放置到目标单元格中，单击"表格"工具中的"ƒx 公式"按钮，在打开的"公式"窗口中进行如图 4.50 所示的设置。在"公式"栏中输入自定义公式"SUM(H3:H6)"，作用是计算表格二中 H3（第 8 列第 3 行的单元格）到 H6（第

8 列第 6 行的单元格）单元格中数值的和。将"数字格式"设置为"0.00"。将目标单元格字体设置为"红色""加粗"。在小写金额前插入人民币符号"￥"。

2）计算大写总金额：将鼠标指针放置到目标单元格中，单击"表格"工具中的"*fx* 公式"按钮，在打开的"公式"窗口中进行如图 4.51 所示的设置。在本例中，在计算大写金额时，需要将"数字格式"设置为"人民币大写"。将目标单元格字体设置为"红色""加粗"。

图 4.50　插入公式

图 4.51　插入公式

知识拓展

4.3.5　表格属性

在 WPS 文字中，通过"表格属性"可以对表格进行更详细设置，如表格对齐方式、边框和底纹、行高和列宽等，如图 4.52 所示。通过这些属性设置，用户可以更好地设计表格的外观和布局。在选中的表格上右击，选择"表格属性"打开"表格属性"窗口。

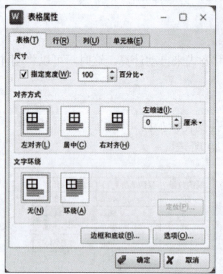
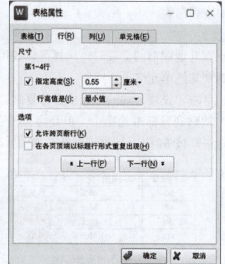
图 4.52　设置表格属性

（1）表格对齐方式。通过"表格"选项卡下的"对齐方式"来设置表格对齐，有"左对齐""居中对齐""右对齐"3 种方式，注意与"文本对齐"区分。

（2）允许跨页断行。当表格较大，在一页中显示不全时，在"行"选项卡中，勾选"允许跨页断行"即可。

4.3.6　日期自动化

日常处理文档中的表格时，经常要输入当前日期和时间，此时可以利用自动插入当前日期的功能来提高编辑表格的效率。以图书采购单为例，介绍两种"日期自动化"的方法。

将鼠标指针放置到文本"订购日期："后。

方法一：单击"插入"选项卡中的"文档部件"按钮，在下拉列表中选择"日期"，在"日期和时间"窗口的"可用格式"下选择一种格式，同时勾选窗口右下角的"自动更新"复选框，如图 4.53 所示。

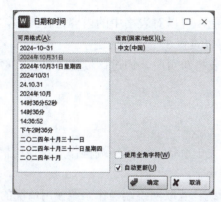

图 4.53　设置日期自动化方法一

方法二：单击"插入"选项卡中的"文档部件"，在下拉列表中选择"域"，在"域名"中选择"当前时间"，在"域代码"处输入图 4.54 中的代码。

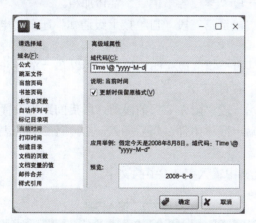

图 4.54　设置日期自动化方法二

4.3.7　表格工具

在 WPS 文字中，表格工具包括一系列功能，主要用于创建和编辑表格，以下是一些主要工具及功能的介绍：

（1）绘制表格。通过"绘制表格"按钮可手工绘制表格。

（2）擦除。此功能可以快速去掉表格中不需要的线条，达到合并单元格的目的。

（3）删除行列。该功能用于快速删除单元格、列、行和表格。

（4）插入行和列。通过该功能可快速地在某一行的上下方插入行，或者在某一列的左右侧插入列。

（5）拆分表格。该功能支持将一个表格拆分为两个表格，可以按行拆分，也可以按列拆分。

（6）自动调整表格。在表格中输入文本以后，可能会让文本分布不均匀，这时可以通过该功能来自动调整表格的行高和列宽。

（7）对齐方式。这里设置的是单元格中文本的对齐方式。

（8）文字方向。通过该功能可以设置单元格中文字的方向。

（9）设置公式。在表格中设置公式自动计算数据，例如求和、平均值、最大值等。

（10）转换成文本。通过该功能可以把一些行列排列成有规律的文本，自动转换为表格的内容。

（11）排序。利用该功能，可以对表格中的内容进行排序，可以按照拼音、笔画、日期或数字进行排序。最多可以设置 3 个排序关键字。

（12）标题行重复。当表格跨页时，通过该设置可以让表格所在的每一页均显示表格标题。

技能测试

打开 WPS 文字文稿"关于统计互联网终端操作系统使用情况的通知 .docx"，按要求完成文稿的排版。

（1）将文稿标题"关于统计互联网终端操作系统使用情况的通知"设置为"黑体""二号"，对齐方式设置为"居中对齐"，段前、段后间距均设置为"12 磅"。

（2）将文稿正文所有段落（自"学校各单位"至"附件："）设置为"仿宋""四号"，行距设置为"1.5 倍行距"。

（3）将文稿正文第一段"学校各单位："字体加粗。

（4）将文稿正文第二段至第三段（自"接上级通知"起至"电话：7992120"）设置成首行缩进 2 字符。

（5）将文稿正文第四段至第五段（即"信息中心"和"2021 年 3 月 15 日"两个段落）的段落对齐方式设置为"右对齐"。

（6）将文稿正文最后一段"附件："的段前、段后间距均设置为"0.5 行"。

（7）在文稿正文最后一段"附件："后插入一个 4 行 2 列的表格，按要求完成以下操作步骤：

1）在表格相应单元格中输入表 4.1 中的文字。

表 4.1　输入内容

操作系统类型	数量
本部门 Win7 终端总数	×××台
本部门 Win10 终端总数	×××台
操作系统国产化终端总数	×××台
本部门其他操作系统终端总数	×××台

2）设置表格中所有文本字体为"楷体""小四号"，行距设置为"固定值""28 磅"，对齐方式为"水平居中"。

3）将表格第一列文本字体加粗。

4）在第三行的下方插入一行，输入表 4.2 中的文字。

表 4.2 新加内容

操作系统类型	数量
采用专业云桌面系统数量	×××台

5）设置表格行高为"固定值""1.5 厘米"。

6）设置表格第一列列宽为"9 厘米"，第二列列宽为"6 厘米"。

任务 4.4　排 版 论 文

🔍任务描述

小琪即将毕业，作为毕业前的一项重要任务，他需要提交一份毕业论文。为了保证论文的规范性，需要严格按照学校给出的格式要求对论文进行排版。小琪面临的挑战是如何使用 WPS 文字软件来按照这些格式要求排版他的论文。论文格式要求如下：

1．页面设置

（1）纸张大小为 A4，纵向。

（2）页边距设置为"上：3.8cm""下：3.2cm""左：3cm""右：3cm"。装订线位置为"居左"，装订线宽为"0.2cm"。

（3）"文档网格"要使用"无网格"。

2．摘要

（1）摘要内容格式设置为"宋体""小四"，段落首行缩进 2 字符，对齐方式为"两端对齐"。

（2）将摘要部分中的文本"关键词"格式设置为"宋体""四号""加粗"。

（3）将摘要部分中的文本"中医药法；海报设计；文化传播；文化融合；视觉艺术"设置为"宋体""小四号"。

3．目录

目录内容格式设置为"宋体""小四""两端对齐"，行距为"18 磅""无缩进"。

4．各级标题

（1）一级标题格式设置为"黑体""三号""加粗""居中对齐"，段前、段后间距为"12 磅"。

（2）二级标题格式设置为"宋体""四号""加粗""左对齐"，段前、段后间距为"10 磅"。

（2）三级及以下的标题格式设置为"宋体""小四""加粗""左对齐"，段前、段后间距为"10 磅"。

5．论文正文

（1）正文中的中文字体设置为"宋体"，西文字体设置为"Times New Roman"，字号均为"小四"。

（2）行距为"1.25 倍行距"，对齐方式为"两端对齐"。

💬相关知识

4.4.1　定义新样式

定义新样式可以快速对文本进行格式化处理，使论文排版更加高效。可以通过"开始"

定义新样式

选项卡下的"新样式"来设置。

任务一：按照教务处规定的论文格式，定义一个新样式。

操作步骤：

（1）新建"论文正文"样式。

1）在"开始"选项卡中的"样式"下拉列表中选择"新建样式"，在打开的窗口中按照如图 4.55 所示进行设置，在"名称"文本框中输入"论文正文"，在"后续段落样式"处设置为"论文正文"。

图 4.55　设置新样式

2）单击"新建样式"窗口左下角的"格式"下拉列表，选择"字体"，在打开的"字体"对话框中，将中文字体设置为"宋体""小四"，将西文字体设置为"Times New Roman"，单击"确定"按钮。

3）单击"新建样式"窗口左下角的"格式"下拉列表，选择"段落"，在打开的"段落"对话框中，"对齐方式"设置为"两端对齐"，将"特殊格式"设置为"首行缩进""2 字符"，将"行距"设置为"1.25 倍"。

（2）新建"论文一级标题"样式。在"新建样式"窗口中，在"名称"文本框内输入"论文一级标题"，"样式基于"选择"标题 1"，在"后续段落样式"处选择"论文正文"。在"字体"对话框中，中文字体设置为"黑体""三号""加粗"，西文字体设置为"Times New Roman"，在"段落"对话框中设置"对齐方式"为"居中对齐"，段前、段后间距为"12 磅"。

（3）新建"论文二级标题"样式。在"新建样式"窗口中，在"名称"文本框内输入"论文二级标题"，在"样式基于"处选择"标题 2"，在"后续段落样式"处选择"论文正文"。在"字体"对话框中，中文字体设置为"宋体""四号""加粗"，西文字体设置为"Times New Roman"，在"段落"对话框中设置"对齐方式"为"左对齐"，段前、段后间距为"10 磅"。

（4）新建"论文三级标题"样式。在"新建样式"窗口中，在"名称"文本框内输入"论文三级标题"，在"样式基于"处选择"标题 3"，在"后续段落样式"处选择"论文正文"。在"字体"对话框中，中文字体设置为"宋体""小四""加粗"，西文字体设置为"Times New Roman"，在"段落"对话框中设置"对齐方式"为"左对齐"，段前间距为"10 磅"。

任务二：应用新建样式

操作步骤：

（1）应用"论文正文"样式。选中论文全文，选择"开始"选项卡，在"样式和格式"列表中，选择"论文正文"样式，将该样式应用到全文。

（2）应用"论文一级标题"样式。将鼠标指针放置到文本"摘要"所在行，选择"开始"选项卡，在"样式和格式"列表中，选择"论文一级标题"样式。采用同样的方法，为文本中每一章的标题、致谢和参考文献设置该样式。也可以用"格式刷"进行设置。

（3）应用"论文二级标题"样式。采用上述方法将此格式应用到论文中二级标题上。

（4）应用"论文三级标题"样式。采用上述方法将此格式应用到论文中三级标题上。

任务三：页面设置

操作步骤：

（1）在"页面"选项卡中，将"纸张大小"设置为"A4"，"纸张方向"设置为"纵向"。

（2）在"页面"选项卡中，启动"页面设置"对话框，在"页边距"选项卡中将页边距设置为"上：3.8cm""下：3.2cm""左：3.0cm""右：3.0cm"，"装订线位置"设置为"居左"，"装订线宽"为"0.2cm"。

（3）在文档"文档网格"选项卡中，勾选"无网格"。

（4）将摘要部分中的文本"关键词"字体设置为"宋体""四号""加粗"。摘要部分其他设置要求与论文正文一致，这里可以不用再进行设置。

4.4.2 设置图文混排

设置图文混排

在对文档进行编辑时，经常会插入相关的图片，对文字内容进行说明或者补充，让文档更加生动和有吸引力。以下是文档中图片编辑的一些操作。

1．插入图片

选择"插入"选项卡 > "图片" > "本地图片"，从计算机中选择图片插入到文档中。在论文编辑中，通常在文档中插入一个一行一列的表格，将图片插入在表格中，以防止在文档排版时图片乱跑。

2．编辑图片

通过"图片工具"对图片进行剪裁，调整图片的高度、宽度，调整图片的位置，设置"图片效果"等。

3．排版方式

在图文混排时，可以通过"布局选项"设置图片的排版方式。

任务：将论文的图片素材插入文档的对应位置，并用"题注"功能为图片添加标签。

操作步骤：

（1）将鼠标指针放置在目标文本后。

（2）插入一个一行一列的表格。

（3）将鼠标指针放置在表格中，选择"插入"选项卡 > "图片" > "本地图片"，选取图片素材"图 3.1"。

（4）设置图片对齐方式为"居中对齐"，宽度设为"8cm"。

（5）选中此表格，选择"表格样式"选项卡 > "边框" > "无边框"，将表格的线条去掉。

（6）为图添加题注。将鼠标指针放置在表格下方一行，单击"引用"选项卡中的"题注"按钮；在"标签"下拉列表中选择"图"；单击"新建标签"按钮，在"标签"文本框中输入

"图 3.1 人物设计"，单击"确定"按钮，如图 4.56 所示。将新插入的题注设置为"居中对齐"。

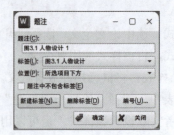

图 4.56 插入题注

（7）采用相同的方式，将图 3.2 和图 3.3 插入文档的对应位置，并为图添加题注。

4.4.3 插入脚注尾注

插入脚注尾注

通过使用 WPS 文字的脚注和尾注功能，可以为文档添加额外的信息，如在页面底部添加注释、参考文献等。可以通过"引用"选项卡中的"插入脚注"或"插入尾注"进行操作，也可以通过"脚注和尾注"窗口来进行设置。

任务：为指定内容添加脚注和尾注。

操作步骤：

1．添加尾注

（1）将鼠标指针放置在摘要部分"本文旨在探讨如何通过海报设计来传播中医药法"后。

（2）单击"引用"选项卡，单击"脚注和尾注"命令组右下角对话框启动器 ，打开"脚注和尾注"窗口进行设置，如图 4.57 所示。

（3）单击"插入"按钮，鼠标指针会跳转到文档末尾，输入尾注内容"海报作为一种视觉传播工具，具有直观、形象、易于传播的特点，是传播中医药法的有效途径之一。"将字体设置为"宋体""小五"。

（4）添加脚注 / 尾注分隔线。选择"引用"选项卡 > "脚注 / 尾注分隔线"按钮，可在正文与脚注或尾注间添加一条分隔线。

2．添加脚注

（1）将鼠标指针放置在研究背景部分中的文本"如何有效传播这一传统医学，使其获得更广泛的认可和应用，成为一个重要课题"后。

（2）在"脚注和尾注"窗口进行设置，如图 4.58 所示。

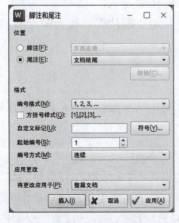

图 4.57 插入尾注

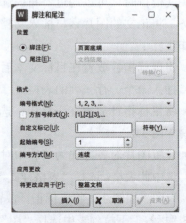

图 4.58 插入脚注

（3）单击"插入"按钮后，鼠标指针会跳转到页面底端，输入脚注内容"在探讨中医药法的现代传播策略时，特别关注了海报设计作为一种视觉媒介的潜力。海报作为一种视觉艺术形式，能够直观、有效地传达中医药法的核心理念和实践方法。"将字体设置为"宋体""小五"。

4.4.4　插入分节符

插入分节符

在论文每一章标题前面插入分节符，当设置页眉页脚时，就可以为不同的章节设置不同的页眉页脚了。

任务：论文的每一章从新的一页开始，第一章从奇数页开始。

操作步骤：

（1）将鼠标指针放置在文本"第一章 引言"前。

（2）选择"插入"选项卡 > "分页" > "奇数页分节符"。

（3）将鼠标指针放置在文本"第二章 设计理念与策略"前，选择"插入"选项卡 > "分页" > "下一页分节符"。

（4）采用相同的方法，在每一章的标题前插入"下一页分节符"。

启用"段落标记"后，在每一章文档末尾可以看到"分节符"标记，如图 4.59 所示。

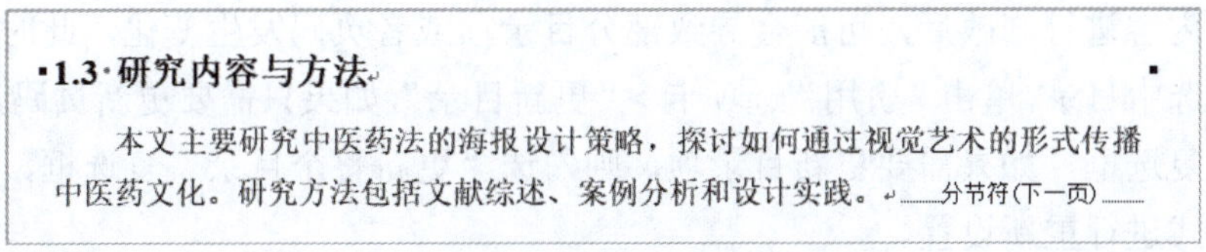

> **·1.3·研究内容与方法·**
>
> 　　本文主要研究中医药法的海报设计策略，探讨如何通过视觉艺术的形式传播中医药文化。研究方法包括文献综述、案例分析和设计实践。———分节符(下一页)

图 4.59　插入分节符

4.4.5　创建目录

创建目录

论文编辑好以后，就可以为论文创建目录了。可以通过"引用"选项卡下的"目录"来实现。

任务：为论文创建目录，目录从奇数页开始。

操作步骤：

（1）将鼠标指针放置在"第一章 引言"前，输入文本"目录"，此时文本"目录"为"论文一级标题"样式。

（2）将鼠标指针放置在文本"目录"后，因为第一章从奇数页开始，因此插入"奇数页分节符"。

（3）将鼠标指针放置在文本"目录"后，选择"引用"选项卡 > "目录" > "自定义目录"。

（4）论文中最低级别为三级标题，因此显示级别设置为"3"。单击"确定"按钮，如图 4.60 所示。

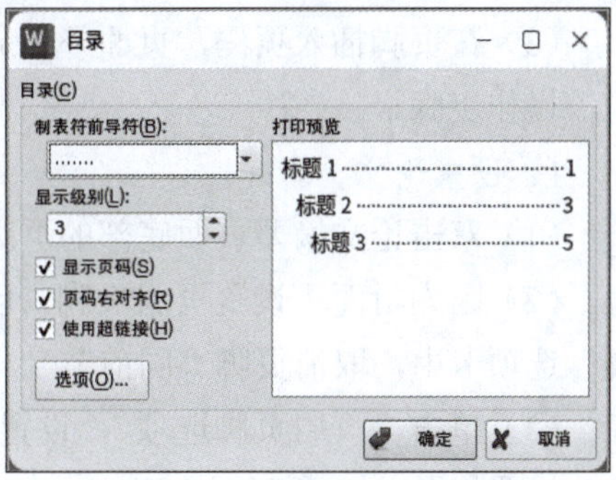

图 4.60　创建自定义目录

在生成的目录中，将摘要页码和目录页码所在两行删除。将目录内容字体格式设置为"宋体""小四""两端对齐"，行距设为"18 磅"，效果如图 4.61 所示。

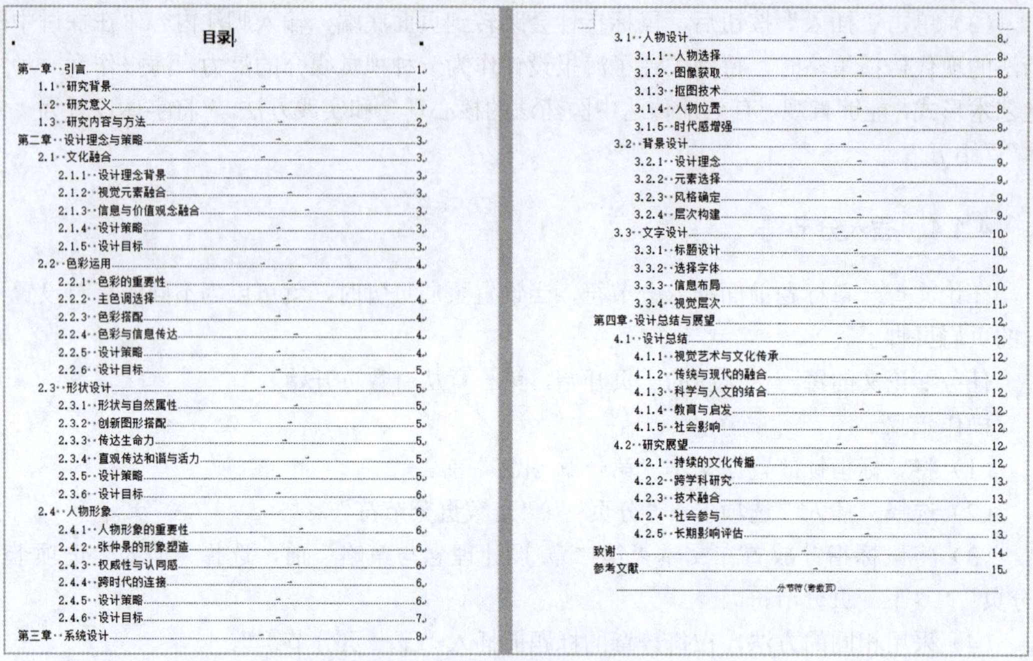
目录

分节符(奇数页)

图 4.61 创建自定义目录效果

对论文内容进行修改后，可能会导致部分目录项或者页码发生变化，此时需要对目录进行更新。选中目录，单击“引用”选项卡 >“更新目录”，如果只需要更新页码，则勾选“只更新页码”复选框。如果需要更新目录项，则勾选“更新整个目录”复选框，此时要对目录内容的格式进行重新设置。

设置页眉和页脚

4.4.6 设置页眉和页脚

在 WPS 文字中，有时需要在文档顶部显示标题，或者在底部显示页码或者其他信息，可以通过添加页眉页脚来完成，在“页眉和页脚”选项卡中对页眉页脚进行编辑。

任务：为论文添加页眉页脚。

（1）论文封面不设置页眉页脚。

（2）为奇、偶页设置不同的页眉页脚。奇数页的页眉为论文题目，字体设置为“宋体”“5 号”，对齐方式为“右对齐”；偶数页的页眉设置为当前章节题目，字体设置为“宋体”“5 号”，对齐方式为“左对齐”。

（3）在页脚插入页码，页面外侧显示。

操作步骤：

1. 设置论文页脚

（1）双击论文摘要页面底部的页脚区域，进入编辑状态。

（2）因为封面不设置页眉页脚，因此将鼠标指针放置在摘要页页脚区，在“页眉和页脚”选项卡中，取消页脚“同前节”。

（3）单击“页眉页脚选项”，设置奇偶页不同，显示页眉横线，在页脚外侧显示页码。具体设置如图 4.62 所示。

（4）编辑摘要页页码。将鼠标指针放置在编辑页页脚区，单击页脚区的“重新编号”按钮，从“1”开始重新开始编号。单击页脚区的“页码设置”按钮选择“I,II,III...”数字样式，位置设置为“双面打印 1”，应用在“本节”，如图 4.63 所示。

图 4.62 设置页眉页脚

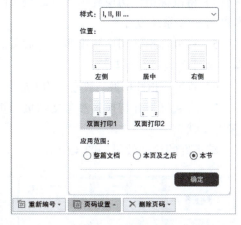

图 4.63 编辑页码

（5）编辑目录页页码。用上述同样的方式编辑目录页的页码，从"1"开始重新开始编号，数字样式设置为"I，II，III..."，位置设置为"双面打印 1"，应用在"本节"。

（6）将正文页码从"1"开始重新编号，页码样式设置为"1，2，3..."，位置设置为"双面打印 1"，应用在"本页及之后"。

2．设置论文页眉

在"页眉和页脚"选项卡中设置论文页眉。

（1）设置摘要部分页眉。将摘要页的页眉设置为"摘要"。

1）将鼠标指针放置在摘要页的奇数页页眉区，取消页眉"同前节"，在页眉区输入文本"摘要"。字体设置为"宋体""五号"，"对齐方式"选择"右对齐"。（页眉处的文本对齐方式和页码对齐方式保持一致，奇数页页眉设置为右对齐，偶数页设置为左对齐。）

2）将鼠标指针放置在摘要页的偶数页页眉区，取消"同前节"，在页眉区输入文本"摘要"，字体设置为"宋体""五号"，"对齐方式"选择"左对齐"。（素材论文中摘要页只有一页，跳过此步骤。）

编辑完页眉后，可以通过"显示前 / 后一项"功能，将鼠标指针切换到前一项或后一项的页眉区。例如，在编辑好摘要部分页眉后，单击"显示后一项"，可将鼠标指针切换到目录页页眉区，页脚也是同样的。也可以直接将鼠标指针放置在目标页的页眉区。

（2）设置目录部分页眉。将目录页的页眉设置为"目录"。

1）将鼠标指针放置在目录页的奇数页页眉区，取消页眉"同前节"，在目录页的奇数页页眉区输入文本"目录"，字体设置为"宋体""五号"，"对齐方式"选择"左对齐"。

2）将鼠标指针放置在目录页的偶数页页眉区，取消页眉"同前节"，在目录页的偶数页页眉区输入文本"目录"，字体设置为"宋体""五号"，"对齐方式"选择"左对齐"。

（3）设置正文部分页眉。将每一章的奇数页页眉设置为本章标题，偶数页页眉设置为论文题目。

1）将鼠标指针放置在第一章奇数页的页眉区，取消页眉"同前节"，在页眉区输入文本"第一章 引言"。

2）将鼠标指针切换到第一章偶数页的页眉区，取消页眉"同前节"，在页眉区输入论文题目"中医药法的现代传播策略：以海报设计为媒介"，字体设置为"宋体""五号"，"对齐方式"选择"左对齐"。

3）将鼠标指针放置在第二章奇数页的页眉处，取消页眉"同前节"，在页眉区输入文本"第二章 设计理念与策略"。

4）将鼠标指针切换到第三章奇数页的页眉处，取消页眉"同前节"，在页眉区输入文本"第三章 系统设计"。

5）将鼠标指针切换到第四章奇数页的页眉处，取消页眉"同前节"，在页眉区输入文本"第四章 设计总结与展望"。

6）将鼠标指针切换到致谢页的页眉区，取消页眉"同前节"，在页眉区输入文本"致谢"。

7）将鼠标指针切换到参考文献页的页眉区，取消页眉"同前节"，在页眉区输入文本"参考文献"。

编辑好的论文效果如图 4.64 所示。

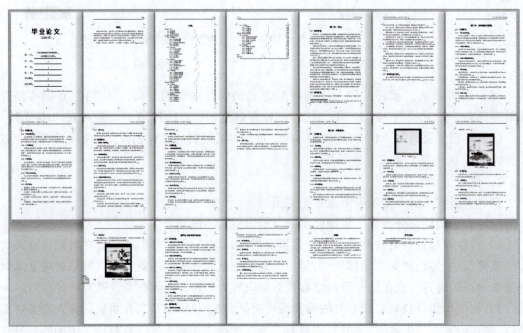

图 4.64　论文效果图

🔗知识拓展

4.4.7　分页符

在一些文档的编辑中，为了视觉效果或者页面布局的需要，可以使用"分页符"。例如，对奇偶页设置不同的页眉页脚，或在一些书籍或论文中，需要将下一个章节安排在新的一页上时等。以下是"分页符"的一些相关操作：

（1）插入分页符。将鼠标指针放置在需要换页的文本前，选择"插入"选项卡 > "分页" > "分页符"。

（2）查看分页符。设置完成后，可以通过"文件"选项卡 > "选项" > "视图" > "格式标记"，勾选"全部"复选框查看分页符标记。

（3）删除分页符。将鼠标指针移动至分页符后，按 Backspace 键就可以删除了。

📢技能拓展

4.4.8　交叉引用

"交叉引用"是在文档中的不同位置引用文档中的标题、图、表、脚注、尾注、公式等。

在交叉引用的文本上按住 Ctrl 键，单击即可快速跳转到引用对象所在位置。以下是插入图的交叉引用的基本操作步骤。

1. 标记目标图片

为目标图片设置题注，作为交叉引用的标识符，如图 4.65 所示。

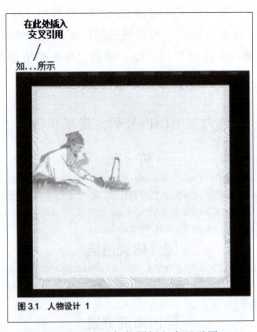

图 4.65　在目标位置插入交叉引用

2. 插入交叉引用

（1）将鼠标指针放置在需要插入交叉引用的位置，单击"引用"选项卡 >"交叉引用"，此时弹出"交叉引用"窗口。

（2）在"引用类型"中选择"图"，在"引用内容"中设置引用的内容，这里选择"只有标签和编号"。选择要引用的目标图的题注，单击"插入"。这样就可以将该图的标签和编号快速插入目标位置。保留图及编号，删除其他内容，效果如图 4.66 所示。

图 4.66　设置交叉引用效果图

还可以使用此功能，快速跳转到所引用的标题、表、参考文献等。

（3）更新交叉引用。如果图的题注发生变动，选中交叉引用文本右击后选择“更新域”即可。

4.4.9　显示或隐藏编辑标记

在编辑一些有特定格式要求的文档时，例如论文，通常会开启“显示 / 隐藏编辑标记”，有助于更好地排版或者检查论文格式。可以通过“开始”选项卡中的“显示 / 隐藏编辑标记”按钮↹，开启“显示隐藏段落标记”和“显示隐藏段落布局按钮”。开启后效果如图 4.67 所示。

风力发电国内外研究进展报告

前··言

随着全球能源需求的日益增长和环境问题的日益严峻，寻找和开发可持续的清洁能源已成为全球共识。在众多可再生能源中，风力发电因其清洁、稳定和资源丰富的特点，受到了广泛关注。本报告旨在综合分析国内外风力发电的最新研究进展、技术发展趋势、政策环境以及市场动态，为行业内外的决策者和研究者提供参考和启示。

国外研究进展

国际上，风力发电技术也在不断进步。例如，风驱动的摩擦电纳米发电机在风能收集技术方面具有潜力，可能革新风能收集技术·。此外，通过优化风电机组的集体运行策略，可以增加能源产出·。

国内研究进展

中国在风力发电领域取得了显著进展。根据《2023 年中国风电行业市场现状、竞争格局及发展前景分析》报告，中国风电装机容量持续增长，2023 年 1-9 月全国风电装机容量达到 4.002 亿千瓦，同比增长 15.1%·。

分页符

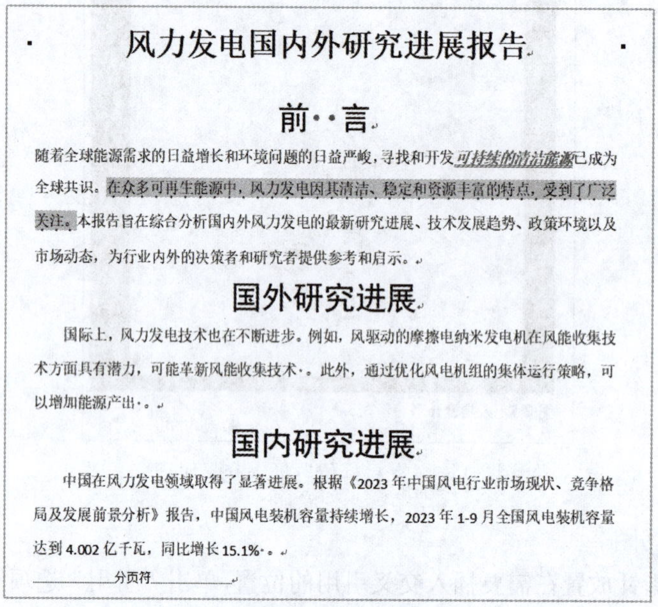

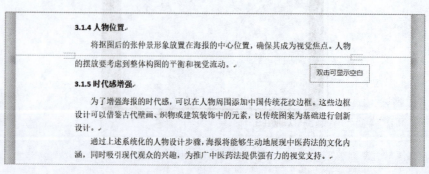

图 4.67　开启“显示 / 隐藏编辑标记”的效果

4.4.10　显示或隐藏页面空白区域

在编辑文档时，界面会显示页边距所在的空白区域，为了更专注于查阅文档，尤其是多页文档，可以选择隐藏这些空白区域。

（1）隐藏页面空白区域。将鼠标指针放置在两个页面相接的位置，出现“双击可隐藏空白”时双击即可。

（2）显示页面空白区域。将鼠标指针放置在两个页面相接的位置，出现“双击可显示空白”时，双击即可完成操作。如图 4.68 所示。

3.1.4 人物位置

将抠图后的张仲景形象放置在海报的中心位置，确保其成为视觉焦点。人物的摆放要考虑到整体构图的平衡和视觉流动。

双击可显示空白

3.1.5 时代感增强

为了增强海报的时代感，可以在人物周围添加中国传统花纹边框。这些边框设计可以借鉴古代壁画、织物或建筑装饰中的元素，以传统图案为基础进行创新设计。

通过上述系统化的人物设计步骤，海报将能够生动地展现中医药法的文化内涵，同时吸引现代观众的兴趣，为推广中医药法提供强有力的视觉支持。

图 4.68　隐藏页面空白区域

技能测试

打开 WPS 文字文稿"中医药法的现代传播策略：以海报设计为媒介 .docx"，按要求完成文稿的排版。

1．页面设置

（1）纸张大小为 A4，纵向。

（2）页边距设置为"上：3.8cm""下：3.2cm""左：3.0cm""右：3.0cm"。装订线位置设置为"居左"，装订线宽为"0.2cm"。

（3）在"文档网格"中选择"无网格"。

2．摘要

（1）摘要内容格式设置为"宋体""小四"，段落首行缩进 2 字符，对齐方式为"两端对齐"。

（2）"关键词"格式设置为"宋体""四号""加粗"。

（3）关键词设置为"宋体""小四号"。

3．目录

目录内容格式设置为"宋体""小四""两端对齐"，行距为"18 磅"。

4．各级标题

（1）一级标题格式设置为"黑体""三号""加粗""居中对齐"，段前、段后间距为"12 磅"。

（2）二级标题格式设置为"宋体""四号""加粗""左对齐"，段前、段后间距为"10 磅"。

（3）三级及以下的标题格式设置为"宋体""小四""加粗""左对齐"，段前、段后间距为"10 磅"。

5．论文正文

（1）正文中的中文字体设置为"宋体"，西文字体设置为"Times New Roman"，字号均为"小四"号。

（2）行距为"1.25 倍行距"，对齐方式为"两端对齐"。

项目 5　处理 WPS 表格

项目导读

　　WPS 表格是一款功能强大的电子表格处理软件，它支持多种数据处理和分析任务，适用于销售数据分析、库存管理、人力资源管理、教育数据分析管理、财务信息管理等多种项目情景。WPS 表格具备丰富的功能，如公式计算、图表绘制、数据筛选排序等，能够满足不同项目情景下的需求。

　　在本项目的学习中，将以教育领域的数据管理和分析为例，和大家一起学习 WPS 表格的使用，利用 WPS 表格进行成绩单的创建、成绩的汇总分析及可视化呈现。

教学目标

知识目标

- 掌握如何创建、保存、打开和关闭工作簿。
- 学会在表格中输入和编辑数据，并调整表格格式。
- 能够根据不同需求设置单元格格式，包括文本对齐、数字格式、日期时间格式等。
- 学会使用基本的公式和常用函数进行计算。
- 学会创建和编辑图表，对数据进行可视化分析。
- 理解如何保护工作表和单元格。

技能目标

- 能够快速准确地输入大量数据，并利用快捷键提高效率。
- 能够应用 WPS 表格的内置函数解决实际问题，如统计、查找、引用等。
- 能够使用排序、筛选功能对数据进行有效整理。
- 能够创建和使用数据透视表进行多维度数据分析。
- 能够使用数据验证和条件格式来保护数据的准确性。
- 能够使用 WPS 表格的错误检查工具来发现并修复错误。

素质目标

- 能够意识到数据的重要性，并在处理数据时保持敏感性和责任感。
- 始终追求数据处理的准确性，注重细节，避免输入错误和计算错误。
- 能够逻辑清晰地组织和分析数据，使用合理的步骤解决问题。
- 能够创造性地使用 WPS 表格的功能，解决复杂或新颖的问题。
- 理解数据保护和隐私的重要性，了解并遵守与数据处理相关的法律法规，确保数据安全。
- 在团队环境中有效沟通，协作完成表格处理任务。

项目情景

张老师是某学校的数学老师，负责两个班级的数学教学工作和一个班的班主任工作。期中考试结束后，他需要整理学生的各科考试成绩，并进行分析，以便了解学生的学习情况，为家长会准备材料。

具体任务：

（1）制作一个单科成绩单模板和一个成绩汇总表，方便成绩的录入和查看。

（2）快速准确地录入学生的考试成绩，并设置表格格式，方便打印。

（3）统计各分数段学生人数，对成绩进行分析，找出学生学习中的薄弱环节。

（4）根据分析结果，制作柱状图、饼图等图表，直观展示成绩分布和班级整体表现。

借助 WPS 表格，张老师可以高效地完成成绩单的制作、成绩的录入和分析工作，为教学和与家长沟通提供有力支持。

任务 5.1 创建成绩单

任务描述

在该任务中，要利用 WPS 表格完成成绩单表格文档的新建、成绩单表格的设计、成绩数据的录入等内容，最后形成一个由各科成绩单组成的表格文档。

相关知识

5.1.1 设计表格

1. 启动 WPS Office 软件

双击桌面上的 WPS Office 图标或从"开始菜单"中选择 WPS Office 菜单命令启动程序，如图 5.1 和图 5.2 所示。

图 5.1 桌面 WPS Office 图标

2. 创建新的电子表格文档

在启动界面，单击"新建"按钮，打开"新建"界面，如图5.3所示。在"新建"界面中选择"表格"，进入到新建表格界面，如图5.4所示。在这一步，可以选择新建空白表格或按照模板新建表格。如果想要使用特定的模板，则可以在新建表格界面选择一个模板。如果想要一个空白的表格，则可以选择"空白表格"。在完成本任务的过程中，选择"空白表格"。

图 5.2   "开始菜单"中的 WPS Office

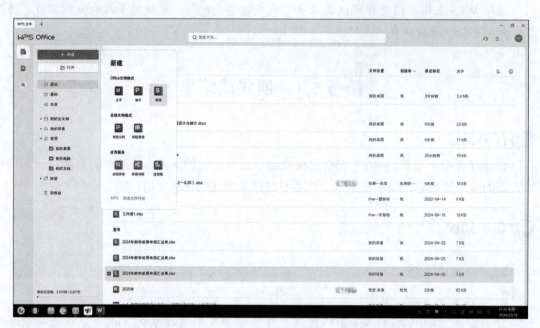

图 5.3   新建界面

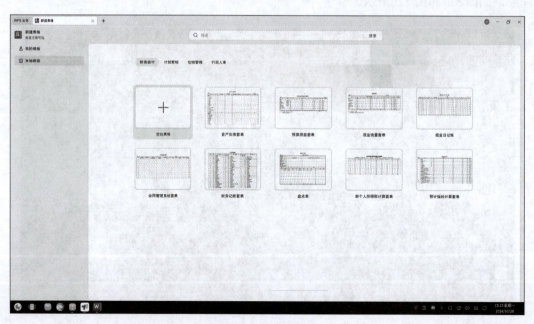

图 5.4   新建表格界面

3．设计成绩单表头

根据需求，在成绩单第一行输入学号、姓名、性别、期末成绩等信息，成绩单表头如图 5.5 所示。

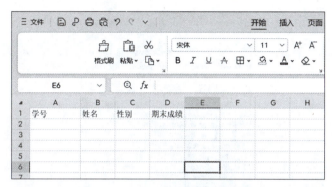

图 5.5　成绩单表头

完成以上工作后，选择"文件"菜单中的"保存"或"另存为"，选择保存位置和文件格式。

5.1.2　输入数据

在 WPS 表格中输入数据是使用电子表格软件的基础操作之一，常用的输入数据的方法有手动输入、自动填充和选择性粘贴。

自动填充与选择性粘贴

1．手动输入

最直接的方法是使用键盘手动输入数据。单击单元格，然后开始输入数据。按下 Enter 键或单击其他单元格以完成输入。例如，单击 A2 单元格，输入学号 20210102001。

2．自动填充

使用填充手柄可以快速复制单元格内容或序列到相邻的单元格。比如成绩单中连续几个同学的性别均为"男"，就可以使用自动填充功能进行填充。选中想要复制内容的单元格，将鼠标指针移动到单元格右下角，此时鼠标指针变成一个十字形"+"，按住鼠标左键向下或向右拖动填充手柄，直到想要填充的范围，如图 5.6 所示。在进行自动填充时，文本数据会复制填充，数值型数据会加 1 填充。

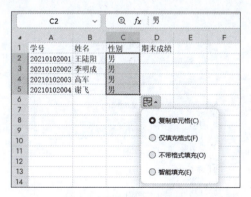

图 5.6　数据的自动填充

如果用户需要输入一个序列，如日期、数字或文本，可以使用 WPS 表格的序列功能。输入序列的前几个项（如 1、2、3 或者 Mon、Tue、Wed），选中这些单元格，将鼠标指针移动到选中区域的右下角，此时鼠标指针变成十字形"+"，按住鼠标左键向下或向右拖动填充手柄，WPS 表格将自动推断并填充序列。在本例中，学号就是一个序列，可以按住鼠标左键拖选 A2 ～ A5 单元格，然后将鼠标指针移动到选中区域的右下角，直到鼠标指针变成十字形。按住鼠标左键向下或向右拖动填充手柄，WPS 表格将自动推断并向下填充学号，如图 5.7 所示。

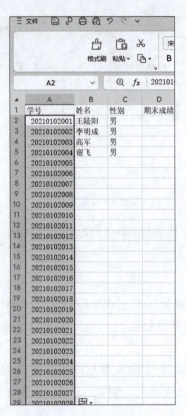

图 5.7　学号的自动填充

3．选择性粘贴

如果用户从其他应用程序或网站复制了数据，可以使用"粘贴"功能来选择性地粘贴数据。复制想要粘贴的内容，选中 WPS 表格的目标单元格，单击"开始"选项卡 >"粘贴"下拉列表按钮，在弹出的下拉列表中，选择想要的粘贴的方式（例如，值、公式等），如图 5.8 所示。

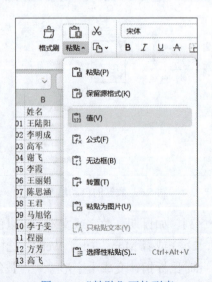

图 5.8　"粘贴"下拉列表

4．使用数据有效性功能

数据有效性功能允许用户对单元格或单元格区域中输入的数据进行限制和控制，包括确保用户只能输入特定类型的数据，如文本、数字、日期等，设置表格数据输入范围，提供下拉列表供用户选择。这样可以避免拼写错误并确保数据的一致性。数据有效性的设置通常包括以下步骤。

选择要应用数据有效性的单元格或范围，单击"数据"选项卡>"有效性"按钮 ，选择"有效性"，弹出"数据有效性"窗口，如图 5.9 所示。

设置数据有效性

图 5.9　"数据有效性"窗口

在"设置"选项卡中可设置有效性条件：先在"允许"下拉列表中选择允许输入的类型，如整数小数、序列、日期等；再根据选择的类型设置具体参数，如最小值、最大值、来源等；最后根据需要可在"输入信息"选项卡设置输入提示，在"出错警告"选项卡设置错误警告消息。

通过以上方法，可以高效地在 WPS 表格中输入和管理数据。这些功能不仅可以提高用户的工作效率，还可以帮助用户更好地分析和呈现数据。

5.1.3　编辑表格数据

在 WPS 表格中编辑表格数据是一项基本而重要的任务，无论是进行日常的办公工作还是数据分析，都需要掌握如何有效地编辑表格数据。

编辑表格数据

1．选定操作

选定单个单元格：单击单元格，即可选定该单元格。

选定整行或整列：单击行号或列标，可以选定整行或整列。

选定连续区域：单击起始单元格，然后按住 Shift 键，再单击结束单元格，即可选定起始单元格到结束单元格之间的所有单元格。

选定不连续区域：按住 Ctrl 键，然后依次单击用户想要选定的区域。

使用鼠标拖拽选定：将鼠标指针放在起始单元格的左上角，当鼠标指针变成十字箭头时，按住鼠标左键拖拽，可以选定一个矩形区域。

2．插入和删除行列

插入行和列。在行号或列标上右击，在弹出的右键菜单中指定要插入的行数或列数，如图 5.10 所示，如在"期末成绩"列前面增加"平时成绩"列。单击行号"1"，在第一行上面插入一行，单击第一个单元格，输入文字"七年级（1）班语文成绩单"作为表格标题，如图 5.11 所示。

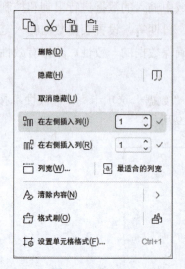

删除(D)
隐藏(H)
取消隐藏(U)
在左侧插入列(I) 1
在右侧插入列(R) 1
列宽(W)...
最适合的列宽
清除内容(N)
格式刷(O)
设置单元格格式(F)... Ctrl+1

图 5.10　插入列

删除(D)
隐藏(H)
取消隐藏(U)
在上方插入行(I) 1
在下方插入行(B) 1
行高(R)...
最适合的行高
清除内容(N)
格式刷(O)
设置单元格格式(F)... Ctrl+1

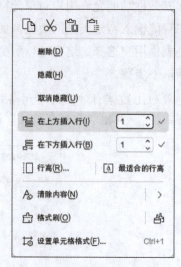

图 5.11　插入行

删除行和列。单击行号或者列标，选中要删除的行或列，右击并选择“删除”。

3．调整表格格式

合并单元格：在表格标题部分，需要让表格标题横跨整个表格，就需要先将 A1 ～ F1 单元格进行合并。选中需要合并的单元格，单击“开始”选项卡 >“合并”下拉列表按钮 合并▾，选择合适的合并方式，如图 5.12 所示。图 5.12 中的选项这将合并选中的单元格，并将文本居中显示。

合并
合并居中(C) Ctrl+M
合并单元格(M)
合并内容(N)
按行合并(A)
跨列居中(E)
设置默认合并方式(T)...

图 5.12　合并单元格

单元格中的内容如果比较多时，默认情况下会存在显示不全的情况，这个时候就需要调整表格的行高和列宽。

调整列宽：将鼠标指针悬停在列标之间的边界上，当鼠标指针变成左右双向箭头时，单击并拖动以调整列宽。

调整行高：类似地，将鼠标指针悬停在行号之间的边界上，当鼠标指针变成上下双向箭头时，单击拖动以调整行高。

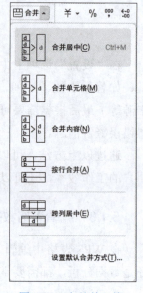

5.1.4　复制表格

完成了语文成绩单，现在需要制作数学、英语等科目的成绩单。但工作簿默认包含一个工作表，可以单击工作表底部的工作表标签栏的“+”号来添加更多的工作表，如图 5.13 和图 5.14 所示。

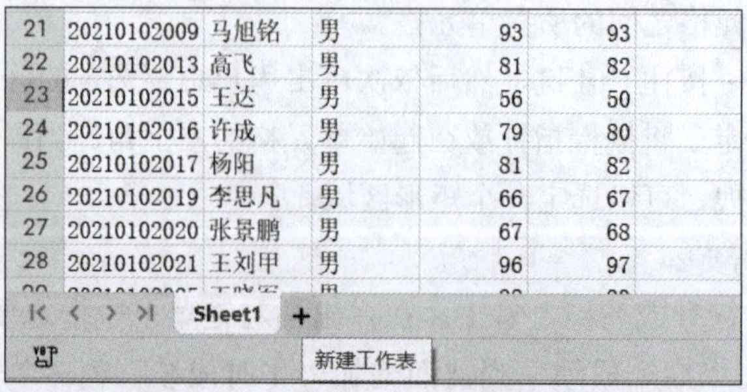

21 20210102009 马旭铭 男 93 93
22 20210102013 高飞 男 81 82
23 20210102015 王达 男 56 50
24 20210102016 许成 男 79 80
25 20210102017 杨阳 男 81 82
26 20210102019 李思凡 男 66 67
27 20210102020 张景鹏 男 67 68
28 20210102021 王刘甲 男 96 97
Sheet1
+
新建工作表

图 5.13　单击“+”号增加工作表

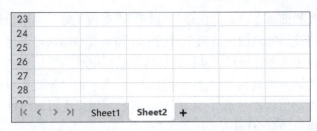

图 5.14 新增的工作表

按照这种方法新增加的工作表是一个空白工作表，其他科目成绩单在表格设计、内容等方面和语文成绩单都有相似之处，所以用户可以采用复制语文成绩单所在工作表的方式来创建其他科目成绩单。右击"Sheet1"工作表标签>选择"创建副本"，就会复制一份"Sheet1"。这时工作簿里有了 3 个工作表，双击"Sheet1"工作表标签>把"Sheet1"的名称改为"语文"，把刚刚复制的工作表名称改为"数学"，并录入数学成绩。按照本方法，依次制作英语成绩单、科学成绩单、道德与法治成绩单。

右击"Sheet2"工作表标签>选择"删除"，把多余的空表删除掉。至此，成绩单制作完成，在后面的任务中，我们将继续学习对成绩的统计和分析，以及对表格格式的其他调整。

知识拓展

5.1.5 设置快速访问工具栏

在 WPS 表格中，快速访问工具栏（Quick Access Toolbar）是一个方便的功能，它允许用户自定义并快速访问最常用的命令和功能。用户可以按照以下步骤在 WPS 表格中设置快速访问工具栏。

在 WPS 表格的顶部菜单栏的左上角，会看到一个小箭头图标，这就是快速访问工具栏的图标。单击这个图标，将打开快速访问工具栏的下拉列表，如图 5.15 所示。

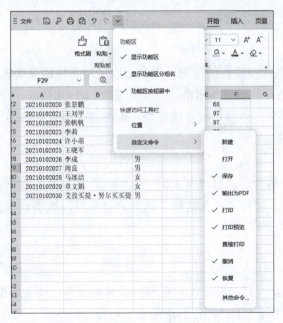

图 5.15 快速访问工具栏下拉列表

在快速访问工具栏下拉列表中，可以浏览所有可用的命令和功能。用户可以找到想要添加到快速访问工具栏的命令，如"保存""撤销""重做"等。单击想要添加的命令旁边的小箭头，该命令将被添加到快速访问工具栏中。如果要移除快速访问工具栏中的某个命令，则可以直接右击该命令并选择"从快速访问工具栏中移除"。

如果要改变快速访问工具栏的位置，可以在下拉列表的"位置"中选择"放置在功能区之下"或"作为浮动工具栏显示"，如图 5.16 所示。用户也可以通过拖放的方式来重新排列快速访问工具栏中的命令顺序。

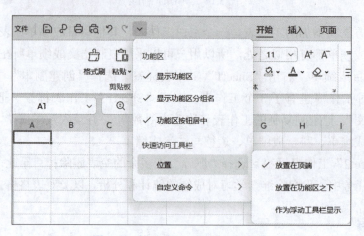

图 5.16　快速访问工具栏位置调整

设置完成后，关闭下拉列表，自定义的快速访问工具栏将立即生效，并在下次打开 WPS 表格时保持此次设置。通过设置快速访问工具栏，用户可以提高工作效率，减少在不同功能区之间切换的时间，更快地完成日常任务。只需几次单击，用户就可以根据自己的工作习惯和需求来定制一个高效的工作环境。

📢 技能拓展

5.1.6　快速输入工作表数据

1. 智能填充

对于需要输入大量重复数据的情况，用户可以使用智能填充功能。输入有规律的数据样本，选中这些单元格及待填充单元格，使用快捷键 Ctrl + E（或在"数据"选项卡中单击"填充"下拉按钮 🔲 填充，选择"智能填充"）。WPS 表格将尝试识别用户的输入模式，并自动填充剩余的单元格。

2. 导入外部数据

WPS 表格还支持从外部文件（如 CSV、Excel 文件）导入数据。单击"数据"选项卡 >"获取数据" 📋，选择"导入数据"选项，打开导入数据向导，如图 5.17 所示，按照向导提示导入外部数据即可。

📖 技能测试

1. 请新建电子表格文档，制作 5 门左右的单科成绩单，录入表格数据并保存。

2. 打开"货物销售表 .xlxs"，按要求完成下列操作。

（1）打开"货物销售表 .xlxs"工作簿，将"Sheet1"工作表重命名为"货物销售表"。

（2）选中 A1:K1 区域，合并居中；选中 A2:A3 区域，合并单元格；选中 B2:D2 区域，

合并居中；选中 E2:G2 区域，合并居中；选中 H2:J2 区域，合并居中；选中 K2:K3 区域，
合并单元格。

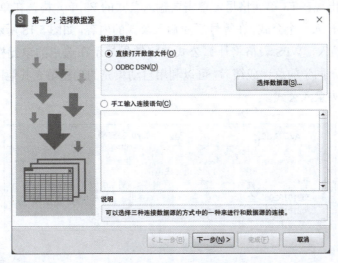

图 5.17 导入外部数据

（3）填充 A4:A15 单元格区域，内容为"1～12 月"，填充 B4:B15 区域单元格区域，
内容为 150～161。

（4）在 C4:C15 区域输入等差数列，最初数据为 20，步长值为 3，终止值为 53。

（5）使用向下填充功能，将 E4:E9 区域填充内容"230"，E10:E15 区域填充内容
"250"。

（6）在 F4:F15 区域输入等比数列，最初数据为 8，步长值为 2，终止值为 128，然后
重复填充终止值。

（7）将 H8:H15 区域按照 H4:H7 区域的数值进行复制。

（8）将 I5:I15 区域按照 I4 单元格的数值 70 进行重复填充。

（9）选中 A1:K16 区域，设置字体为"华文仿宋"，字号为"16"，字形为"粗体"，
设置行高为"25 磅"，列宽为"13 字符"，选中 A2:K16 区域，设置对齐方式为"垂直居中"
"水平居中"。

任务 5.2 统计与分析成绩

📍 任务描述

完成成绩单成绩数据的录入以后，需要对成绩数据做进一步处理和分析，才能获得对
教育决策有帮助的信息。在该任务中，要完成各科成绩单的计算，班级成绩汇总表的填写，
以及对成绩的统计分析。

💬 相关知识

5.2.1 输入公式

在上一个任务创建好的单科成绩单中，有平时成绩和期末成绩的数据，现在需要根据

输入公式

平时成绩和期末成绩计算出总评成绩。总评成绩中，平时成绩占30%，期末成绩占70%。在这里，可以用公式"=平时成绩×30%+期末成绩×70%"计算总评成绩。第一个同学的总评成绩应该出现在F3单元格里，单击要输入公式的F3单元格，在单元格中输入等号（=），这表明将要输入一个公式，在等号后面输入公式的内容，如图5.18所示。完成公式后，按Enter键确认输入，WPS表格将计算公式并将结果显示在选定的单元格中。在F3输入公式计算出第一个同学的总评成绩后，可以利用自动填充的功能填充其他同学的总评成绩，而不用一个一个去录入公式。

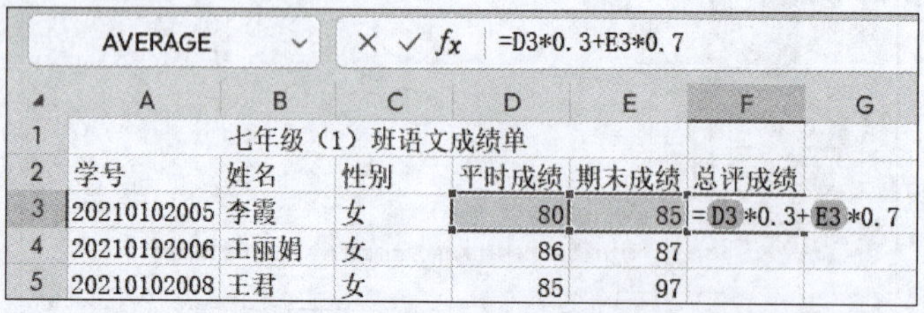

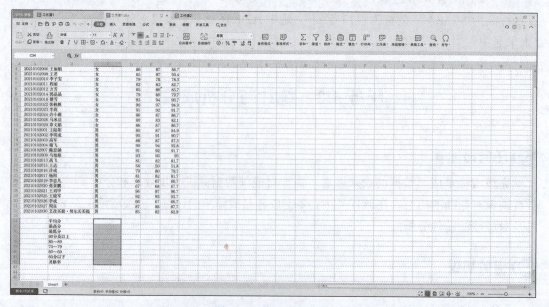

图5.18　输入公式

输入公式以后，如果返回了一个错误，如"#DIV/0!"或"#NAME?"，WPS表格将提供错误检查和提示功能来帮助用户找出并解决问题。

通过掌握这些基本的公式输入方法和函数，可以在WPS表格中进行各种复杂的计算和数据分析。随着对WPS表格的深入了解，用户将能够使用更多的高级功能和公式来处理数据。

5.2.2　使用函数

使用函数

计算完总评成绩以后，现在需要计算单科的平均分、各个分数段的学生人数、最高分、最低分等信息，如图5.19所示，这时候就要用到WPS表格的函数。WPS表格中使用函数是一项基本而强大的技能，可以快速完成复杂的计算和数据分析。

图5.19　数据统计需求

在使用函数之前，首先要明确需要解决的问题或者想要完成的任务，然后选择合适的函数。以计算平均分为例，单击工作表中想要显示函数结果的单元格 E34，这个单元格将用于存放函数计算后的结果。在选定的单元格中输入等号 "="，这是开始输入函数的标记，或者直接单击编辑栏的 "插入函数" 按钮 *fx*，如图 5.20 所示，在弹出的 "插入函数" 窗口中选择需要的函数名称，如 AVERAGE，如图 5.21 所示。如果记得函数的名称，可以在该对话框的 "查找函数" 栏中输入函数名称进行查找。

单击 "确定" 按钮，弹出 "函数参数" 对话框，在 "数值 1" 后面输入 "F3:F32"，如图 5.22 所示。也可以单击 "数值 1" 后面的 按钮，按住鼠标左键拖选 F3:F32 单元格区域作为函数参数。

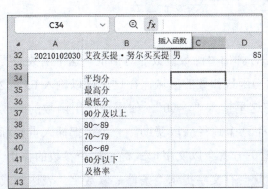

图 5.20 插入函数

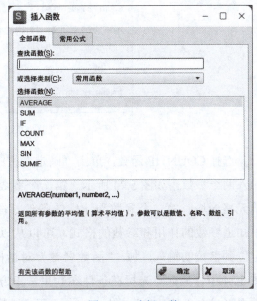

图 5.21 选择函数

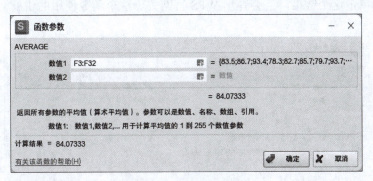

图 5.22 函数参数设置

在输入完所有必要的参数后，单击 "确定" 按钮完成函数的输入。WPS 表格将进行计算并将结果显示在选择的目标单元格中。

计算最高分需要用 MAX 函数，计算最低分需要用 MIN 函数，步骤和计算平均分类似，这里不再赘述。

计算 90 分及以上分数段的人数，用到的函数是 COUNTIF，如果在 "插入函数" 窗口里找不到要用的函数，则需要把 "或选择类别" 从默认的 "常用函数" 改为 "全部"，然后在 "选择函数" 处往下拉动滑块找到需要的函数，如图 5.23 所示。

图 5.23　查找函数

选择 COUNTIF 函数，单击"确定"按钮，弹出"函数参数"对话框。这个函数需要输入两个参数，如图 5.24 所示。第一个参数为函数计数的区域，在这里可以输入 F3:F32 单元格区域。第二个参数为计数的条件，在这里输入"＞=90"。如果在使用函数的时候不知道参数的作用和参数的格式，可以从以下两个途径获取帮助。一个是把插入点光标定位到参数的输入区域，"函数参数"对话框下方就会以文字形式提示这个参数的作用。图 5.24 中，插入点光标在条件参数里，下方就会有文字提示"条件：以数字、表达式或文本形式定义的条件"。另一个途径是"函数参数"对话框左下角有一个"有关该函数的帮助"链接，单击这个链接，就会弹出 WPS 官网关于这个函数使用的讲解。

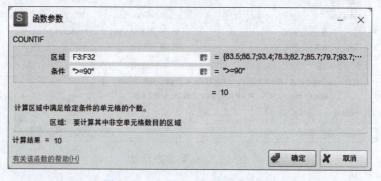

图 5.24　COUNTIF 函数参数设置

在输入完所有必要的参数后，单击"确定"按钮完成函数的输入，从编辑栏可以查看 C37 单元格输入的内容为"=COUNTIF(F3:F32,"＞=90")"。如果结果显示不正确，则要检查公式中的函数名和参数是否正确。

在计算 80 ～ 89 分数段的人数时，还是需要用到 COUNTIF 函数，但是需要将函数和公式结合起来使用。C38 单元格输入的内容为"=COUNTIF(F3:F32,"＞=80")-C37"，先计算总评成绩中大于等于 80 分的人数，再减去大于等于 90 分的人数，即为 80 ～ 89 分数段的人数。按照这个思路，可以计算其他分数段的人数和及格率。这里也可以使用 COUNTIFS 函数来解决问题。

通过这些步骤，可以在 WPS 表格中有效地使用各种函数来处理数据和执行计算。随着对 WPS 表格的深入了解，用户将能够利用更多的函数来提高工作效率和数据分析能力。

设置单元格格式

5.2.3 设置单元格格式

完成成绩单的基本计算以后，需要调整一下表格的格式以便于阅读和进一步的数据统计分析。对表格格式的调整可以根据具体需求从以下几个方面进行：

1．字体和颜色

选中单元格或单元格区域，在"开始"选项卡中更改字体样式、大小、颜色等。

2．边框

选中需要添加边框的单元格并右击，在弹出的右键菜单里选择"设置单元格格式"，选择"边框"选项卡，在这里可以设置边框的线型、颜色等，也可以选择所有边框或单独的边框，如图 5.25 所示。

图 5.25　单元格边框设置

3．单元格对齐方式

选中单元格或单元格区域，在"开始"选项卡的"单元格格式：对齐方式"组中选择水平对齐方式（如左对齐 三、水平居中 三、右对齐 三）和垂直对齐方式（如顶端对齐 ￣、垂直居中 ＝、底端对齐 ＿）。

4．设置单元格数据类型

（1）文本格式：如果输入的数据应被视为文本，则可以设置单元格格式为文本，以避免自动计算或日期解析。右击单元格，选择"设置单元格格式"，在"数字"选项卡中选择"文本"。

（2）数字格式：可以设置小数点位数、千位分隔符等。同样通过右击单元格，选择"设置单元格格式"，在"数字"选项卡中进行设置，如图 5.26 所示。

（3）百分比格式：可以设置小数点位数，如图 5.27 所示。

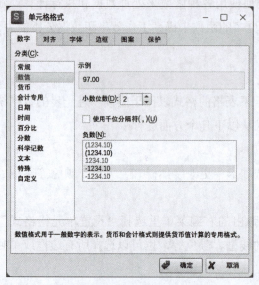

图 5.26　单元格数字格式设置　　　　　图 5.27　单元格百分比格式设置

应用条件格式

5.2.4　应用条件格式

WPS 表格中的条件格式是一种强大的功能，它允许用户根据单元格内容的特定条件来改变单元格的外观，如颜色、字体、边框等。选中要应用条件格式的单元格区域，在"开始"选项卡中单击"条件格式"按钮，选择预设的条件格式样式或自定义规则，如将"总评成绩"大于 85 的单元格填充为红色，如图 5.28、图 5.29 所示。

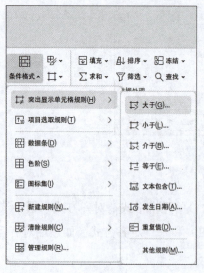

图 5.28　"条件格式"设置

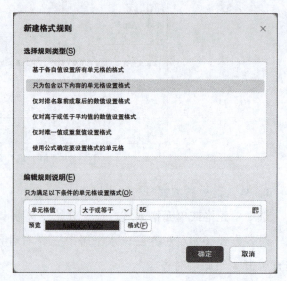

图 5.29　建立条件格式规则

5.2.5　复制和移动数据

制作好单科成绩单以后，还需要制作班级成绩汇总表。此时可以采用创建副本的方式，将单科成绩单复制一份，删除不需要的字段，增加成绩汇总表里需要的字段，调整以后的表格格式如图 5.30 所示。

A	B	C	D	E	F	G	H	I	J
1 学号	姓名	性别	语文	数学	英语	科学	道德与法治	总分	排名
2 20210102001	王陆阳	男							
3 20210102002	李明成	男							
4 20210102003	高军	男							
5 20210102004	谢飞	男							
6 20210102005	李霞	女							
7 20210102006	王丽娟	女							
8 20210102007	陈思涵	男							
9 20210102008	王君	女							

图 5.30　成绩汇总表

把单科成绩单里的"总评成绩"复制到成绩汇总表的相应科目下面。这里需要注意,粘贴的时候需要选择"值",如图 5.31 所示。默认情况下粘贴的是公式,可以根据需求选择粘贴的内容。

与 WPS 文字一致,在 WPS 表格中,使用 Ctrl+C 快捷键来复制选中的数据,然后使用 Ctrl+V 快捷键将其粘贴到目标位置,也可以使用右键菜单进行复制和粘贴操作。WPS 表格特有的粘贴方式是使用 Ctrl 键 + 鼠标拖动复制选中的数据区域到新位置,具体操作如下:选定数据区域,将鼠标指针放在选定区域的边缘,直到鼠标指针变成带有箭头的图标,按住 Ctrl 键,然后拖拽选定区域到新的位置,即可实现复制数据。

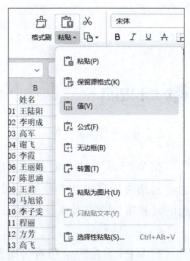

图 5.31　粘贴方式选择

5.2.6　删除数据和清除格式

选中要删除数据的单元格,按下 Delete 键,即可删除单元格内容。如果想清除单元格的格式而不删除内容,则可以右击单元格,在弹出的右键菜单"清除内容"中单击"格式",如图 5.32 所示。

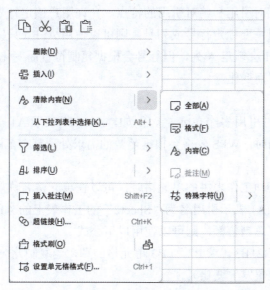

图 5.32　清除单元格格式

查找和替换数据

5.2.7　查找和替换数据

和 WPS 文字类似，在 WPS 表格中使用"查找和替换"功能可以快速在表格中查找特定数据，并进行替换。在"开始"选项卡中单击"查找"按钮 🔍 查找▾，在弹出的"查找"窗口中进行数据查找、替换或者定位，如图 5.33 所示。

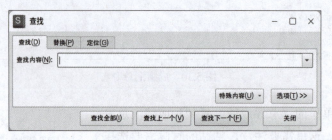

图 5.33　"查找"窗口

知识拓展

5.2.8　引用单元格

在 WPS 表格中，对单元格的引用是构建公式和函数时不可或缺的一部分。正确地引用单元格可以帮助用户高效地处理数据和执行复杂的计算。以下是 WPS 表格中单元格引用的几种常见类型及其使用方法：

1．相对引用

相对引用

在 WPS 表格中，相对引用是引用单元格地址时最常用的一种方式。相对引用的单元格地址会随着单元格的复制或移动而自动调整。例如，如果 A1 单元格中的公式是 =B1，当用户将这个公式复制到 A2 单元格时，公式会自动调整为 =B2。

2．绝对引用

绝对引用

绝对引用使用美元符号（$）来锁定行号和列号，确保在复制公式时引用的单元格不会改变。例如，$A$1 表示无论公式复制到哪里，都会引用 A1 单元格。

3．混合引用

混合引用结合了相对引用和绝对引用的特点，允许用户锁定行号或列号，而另一个则保持相对。如果用户只需要锁定行号或列号，则可以使用 A$1（只锁定行号）或 $A1（只锁定列号）。例如，$A1 会锁定 A 列，但行号会根据复制位置而变化；而 A$1 会锁定 1 行，但列号会根据复制位置而变化。

4．范围引用

范围引用用于同时引用多个单元格。例如，A1:A10 表示 A1 ～ A10 的单元格范围。在公式中使用范围引用时，WPS 表格会根据函数的需求处理整个范围。

5．工作表引用

引用单元格小结

当用户需要引用其他工作表中的单元格时，可以在单元格名称前加上工作表的名称和感叹号。例如，Sheet2!A1 表示引用名为"Sheet2"的工作表上的 A1 单元格。

假设用户正在计算总销售额，则可以使用以下公式：

（1）相对引用：=B2+B3（求 B2 和 B3 单元格的和，当复制此公式时 B2 和 B3 单元格会根据结果单元格的位置发生变化）。

（2）绝对引用：=$B$2+$B$3（无论公式复制到哪里，都引用 B2 和 B3 单元格）。

（3）范围引用：=SUM(B2:B10)（计算 B2 ～ B10 单元格的总和）。

（4）工作表引用：=Sheet2!A1（引用名为 Sheet2 的工作表上的 A1 单元格）。

掌握这些不同类型的单元格引用对于在 WPS 表格中有效地使用公式和函数至关重要。通过灵活运用这些引用方式，可以创建更加强大和灵活的电子表格。

5.2.9　打印设置

WPS 表格是一款功能丰富的电子表格软件，它提供了多种打印设置选项，以帮助用户根据需要调整打印输出。在"页面"选项卡的"打印设置"命令组中可以进行页边距、纸张方向、纸张大小等设置，如图 5.34 所示。也可以设置打印缩放比例、打印标题、页眉页脚等。单击"打印预览"就可以查看打印效果，并进行打印份数、打印方式的设置。

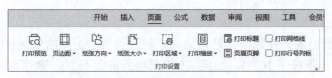

图 5.34　打印设置

技能拓展

5.2.10　常用函数介绍

WPS 表格提供了大量的内置函数，以帮助用户执行各种计算和数据分析任务。以下是一些常用的 WPS 表格函数的介绍。

1．求和与统计函数

（1）SUM：计算一系列数值的总和。例如，=SUM(A1:A10)，计算 A1 到 A10 单元格的总和。

（2）AVERAGE：计算一系列数值的平均值。例如，=AVERAGE(B1:B10)，计算 B1 到 B10 单元格的平均值。

（3）COUNT：计算一系列单元格中包含数字单元格的数量。例如，=COUNT(C1:C10)，计算 C1 到 C10 单元格中包含数字单元格的数量。

（4）MAX：找出一系列数值中的最大值。例如，=MAX(D1:D10)，找出 D1 到 D10 单元格中的最大值。

（5）MIN：找出一系列数值中的最小值。例如，=MIN(E1:E10)，找出 E1 到 E10 单元格中的最小值。

2．文本函数

（1）CONCATENATE：将多个文本字符串连接成一个文本字符串。例如，=CONCATENATE(A1, " ", A2)，将 A1、空格和 A2 单元格的文本连接起来。

（2）LEFT：从文本字符串的左侧提取指定数量的字符。例如，=LEFT(A1, 3)，从 A1 单元格的文本中提取前 3 个字符。

（3）RIGHT：从文本字符串的右侧提取指定数量的字符。例如，=RIGHT(A1, 2)，从 A1 单元格的文本中提取最后 2 个字符。

（4）LEN：计算文本字符串的长度（字符数）。例如，=LEN(A1)，计算 A1 单元格文本的长度。

3. 日期和时间函数

（1）TODAY：返回当前日期。例如，=TODAY()，显示当前日期。

（2）NOW：返回当前日期和时间。例如，=NOW()，显示当前的日期和时间。

（3）DATE：根据指定的年、月、日创建日期。例如，=DATE(2024, 4, 16)，创建日期 2024 年 4 月 16 日。

4. 查找与引用函数

（1）VLOOKUP：在数据区域的首列查找指定的数值，并返回同一行中指定列处的数值。例如，=VLOOKUP(A1, A1:C10, 2, FALSE)，在 A1 到 C10 的范围内查找 A1 单元格的值，并返回选中单元格区域第 2 列的值。

（2）HLOOKUP：在数据区域的首行查找指定的数值，并返回同一列中指定行处的数值。与 VLOOKUP 类似，但是方向不同。

5. 逻辑函数

IF 函数根据给定的条件判断其是否为真，并返回两个不同的值之一。例如，=IF(A1>10，"大于 10"，"小于等于 10"），如果 A1 单元格的值大于 10，则返回"大于 10"，否则返回"小于等于 10"。

6. 财务函数

（1）PMT：计算固定利率贷款的定期支付额。例如，=PMT(0.05, 36, -10000)，计算年利率为 5%，贷款期限为 3 年，贷款额为 10000 的每月支付额。

（2）NPER：计算固定利率贷款的期数。例如，=NPER(0.05/12,-200,10000)，计算每月支付 200，年利率为 5%，10000 元贷款需要还的期数。

7. 数学与三角函数

（1）ROUND：将数值四舍五入到指定的小数位数。例如，=ROUND(A1, 2)，将 A1 单元格的值四舍五入到 2 位小数。

（2）ABS：返回数值的绝对值。例如，=ABS(A1)，返回 A1 单元格值的绝对值。

这些函数只是 WPS 表格中众多函数的一部分。通过学习和实践，用户可以掌握更多的函数来满足各种复杂的数据处理需求。函数的使用可以极大地提高工作效率，帮助用户更快地完成数据分析和报表制作。

技能测试

1. 打开"职工工资表 .xlxs"，按要求完成下列操作：

（1）打开"职工工资表 .xlxs"工作簿，将"Sheet1"工作表重命名为"职工工资表"。

（2）选中 A1:J1 区域，合并居中。

（3）将 A3:A15 区域由数值型数据转换成字符型数据。

（4）将 E3:E15 区域转换成"2001 年 3 月 7 日"形式。

（5）选中 C3:C15 区域，插入下拉列表，插入内容顺序是"综合部、销售部、生产部、物资部、技术部"。

（6）选中 D3:D15 区域，插入下拉列表，插入内容顺序是"管理人员、销售人员、生产人员、技术人员"。

2. 打开"成绩分析 .xlxs"，按要求完成下列操作：

（1）打开"成绩分析 .xlxs"工作簿，将"Sheet1"工作表重命名为"成绩分析"。

（2）在 E1 单元格中输入"总分"，使用函数在 E2:E25 区域计算"总分"的值。

（3）在 A26 单元格输入"平均分"，使用函数在 B26:D26 区域分别计算"平均分"的值。

（4）在 A27 单元格输入"最高分"，使用函数在 B27:D27 区域分别计算"最高分"的值。

（5）在 A28 单元格输入"最低分"，使用函数在 B28:D28 区域分别计算"最低分"的值。

（6）选中 A1:E28 区域，设置"行高"为"20 磅"，"列宽"为"10 磅"，设置"字号"为"14"，设置"对齐方式"为"垂直居中""水平居中"。

（7）将 A1:A28 区域、B1:E1 区域的"字体"设置为"楷体"。

（8）将 B2:E28 区域的"字体"设置为"TimesNewRoman"。

（9）为"语文 <90"的单元格设置条件格式，内容为"浅红填充色深红色文本"。

（10）为"75<= 数学 <=85"的单元格设置条件格式，内容为"黄填充色深黄色文本"。

（11）为"外语 =98"的单元格设置条件格式，内容为"红色文本"。

任务 5.3　班级数据管理分析

🔍 任务描述

为进一步分析成绩数据，用户需要对成绩数据进行整理、排序、筛选、分类等操作，并在此基础上进行数据的可视化分析。数据可视化分析是一种将数据转换为图形或图像的过程，使人们能够更直观地理解数据中的模式、趋势和洞察。在本任务中，将根据要分析的成绩数据的特性和分析目标选择合适的图表类型，如柱状图、折线图、饼图、散点图等，以可视化的形式对成绩数据进行分析和表达。

💬 相关知识

5.3.1　整理数据

在 WPS 表格中进行数据整理是数据分析和处理的基础。良好的数据整理可以使数据更加清晰、有序，便于分析和决策。

（1）删除空行和空列：单击行号或者列标选中空白的行或列，在弹出的右键菜单中选择"删除"，去除不必要的空行和空列。

（2）修正错误和异常值：检查数据中的明显错误或异常值，并进行修正或删除。

（3）统一数据格式：确保所有数据使用统一的格式，如日期、时间、货币等。

5.3.2　数据排序

在 WPS 表格中，数据排序是组织和分析数据的重要步骤。用户可以根据一列或多列数据进行排序，以便更容易地查看和理解数据。

单击"数据"选项卡 >"筛选排序"命令组 > 排序下拉列表按钮 ，这里有 3 个选项："升序"按钮和"降序"按钮用于简单排序，"自定义排序"按钮用于更高级的排序选项，如图 5.35 所示。

数据排序

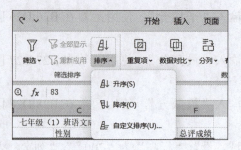

图 5.35　数据排序功能

1．简单排序

（1）升序排列：单击排序依据所在列中任一单元格，单击"升序"按钮，WPS 表格将依据所在列数据进行从小到大的排序。

（2）降序排列：单击排序依据所在列中任一单元格，单击"降序"按钮，WPS 表格将依据所在列数据进行从大到小的排序。

2．自定义排序

单击数据表中任一单元格，单击"自定义排序"按钮，打开"排序"对话框。在对话框中，可以设置排序的依据列作为排序关键字，并选择排序方式（升序或降序）。如果需要进行多级排序（即根据多个列进行排序），则可以单击"添加条件"来添加更多的排序关键字，如图 5.36 所示。

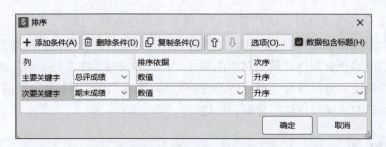

图 5.36　"排序"对话框

可以设置每个层级的排序方式，并确定它们之间的优先级。确认无误后，单击"确定"按钮，WPS 表格将根据设置进行排序。

3．排序注意事项

排序时，要确保没有合并的单元格，因为合并的单元格可能会影响排序结果。

如果数据表包含标题行，通常会希望在排序时保持标题行在顶部，则需在"排序"对话框中勾选"数据包含标题"复选框。通过以上步骤，可以在 WPS 表格中轻松地对数据进行排序，无论是简单的升序或降序排列，还是复杂的多级排序。这将帮助用户更好地组织和分析数据，为进一步的数据操作和决策提供支持。

5.3.3　数据筛选

在 WPS 表格中，数据筛选功能可以帮助用户快速查找和分析符合特定条件的数据。以下是如何在 WPS 表格中进行数据筛选的步骤：

1．启用筛选

数据筛选

在"数据"选项卡中单击"筛选"按钮，这时列标题上会出现下拉箭头，如图 5.37 所示。

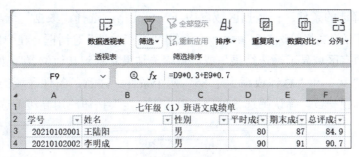

图 5.37 启用筛选

2．设置筛选条件

单击列标题旁边的下拉箭头 ，将打开一个菜单，列出该列中所有的值。在这里，用户可以设置筛选条件。根据筛选数据类型的不同，可以设置的筛选条件也不同。图 5.38 为按性别进行筛选，图 5.39 为按总评成绩进行筛选。

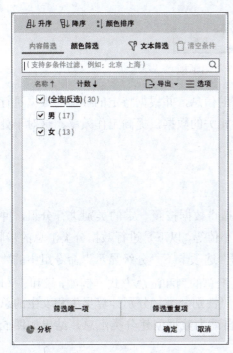

图 5.38 按性别筛选

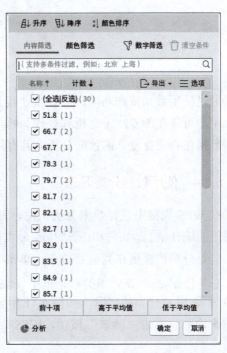

图 5.39 按总评成绩筛选

3．应用筛选

选择一个或多个条件，单击"确定"按钮应用筛选。WPS 表格将只显示符合条件的数据行，其他行被隐藏。

4．调整筛选条件

如果需要调整筛选条件，则可以再次单击列标题旁边的下拉箭头进行修改，用户可以随时添加或删除筛选条件。

5．清除筛选

当用户想要查看所有数据时，可以清除筛选。单击"数据"选项卡 > "筛选"按钮
，选择"筛选" ，就取消了之前所设置的所有筛选。

6．高级筛选

如果需要进行更复杂的筛选，应该先在数据区域以外（与数据区域至少空开一行或一

高级筛选

列）输入高级筛选的条件。在数据区域选中任一单元格，选择"数据"选项卡下"筛选"下拉列表按钮下的"高级筛选" ▽ 高级筛选(A)... ，弹出"高级筛选"对话框。在弹出的对话框中，可以设置"在原有区域显示筛选结果"或"将筛选结果复制到其他位置"，如图 5.40 所示，设置了性别为"女"和"总评成绩大于 85"两个条件。注意，条件区域的列标题需要与列表区域的列标题一致。确认筛选条件后，单击"确定"按钮应用高级筛选。

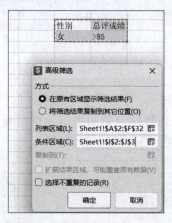

图 5.40　"高级筛选"对话框

　　通过使用数据筛选功能，可以快速找到所需的信息，并根据特定的标准对数据进行组织。用户可以更加专注于分析和处理与特定条件相关的数据，提高工作效率，这对于处理大型数据集和进行复杂的数据分析尤其有用。

5.3.4　使用数据分类汇总

　　在 WPS 表格中进行数据分类汇总，通常是指将数据按照一定的类别进行分组，并计算每组的统计信息，如总和、平均值、最大值、最小值等，以下是进行数据分类汇总的步骤。

　　先对分类依据所在列进行排序，单击"数据"选项卡下"分级显示"命令组中的"分类汇总"按钮 。在弹出的对话框中，选择想要汇总的列和汇总方式（例如，求和、平均、计数等），以及分类的字段，如图 5.41 所示。按照性别分类，分别计算男生和女生的总评成绩平均分。单击"确定"按钮，WPS 表格将自动为数据创建分类汇总，结果如图 5.42所示。

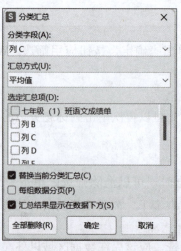

图 5.41　"分类汇总"对话框

1 2 3		A	B	C	D	E	F	G	H
	2			总平均值			84. 07333333		
	3	学号	姓名	性别	平时成绩	期末成绩	总评成绩		
	4			女 平均值			86.6		
	5	20210102005	李霞	女	80	85	83.5		
	6	20210102006	王丽娟	女	86	87	86.7		
	7	20210102008	王君	女	85	97	93.4		
	8	20210102010	李子雯	女	79	78	78.3		
	9	20210102011	程丽	女	82	83	82.7		
	10	20210102012	方芳	女	85	86	85.7		
	11	20210102014	郭晶晶	女	79	80	79.7		
	12	20210102018	黎雪	女	93	94	93.7		
	13	20210102022	张帆帆	女	90	97	94.9		
	14	20210102023	李莉	女	91	92	91.7		
	15	20210102024	许小萌	女	86	87	86.7		
	16	20210102028	马冰洁	女	80	83	82.1		
	17	20210102029	章文娟	女	86	87	86.7		
	18			男 平均值			82.14117647		
	19	20210102001	王陆阳	男	80	87	84.9		
	20	20210102002	李明成	男	90	91	90.7		

图 5.42 分类汇总结果

通过以上步骤，可以在 WPS 表格中有效地进行数据分类汇总，从而得到更加详细和有针对性的数据分析结果。这对于理解数据的分布、趋势非常有帮助。

5.3.5 插入图表

插入图表

用图表，可以帮助用户以可视化的方式更加直观地展示数据。以下是如何在 WPS 表格中插入图表的步骤。

1．准备数据
首先，确保数据已经准备好并正确地排列在单元格中，图表将基于这些数据来生成。

2．选择数据范围
选中想要在图表中展示的数据范围，确保包括所有相关的列和行。

3．插入图表
在 WPS 表格的顶部菜单栏，单击"插入"选项卡 >"全部图表"按钮 ，将打开"插入图表"对话框，如图 5.43 所示，其中包含各种图表类型，如柱状图、折线图、饼图、散点图等。选择一个适合展示数据的图表类型，WPS 表格将自动创建图表并插入到工作表中。

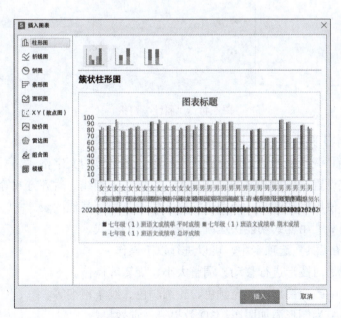

图 5.43 "插入图表"对话框

4．调整图表位置和大小

新建的图表通常会插入在数据下方，将鼠标放置在图表区，当鼠标指针呈四向箭头时，拖动鼠标可以调整图表位置。要调整图表的大小，可以拖动图表边框上的控制点。

5．自定义图表

在 WPS 表格中，编辑图表是一个涉及多个步骤的过程，可以对图表进行个性化调整和优化。以下是在 WPS 表格中编辑图表的详细步骤。

单击图表选中，当选中图表时，WPS 表格会显示 3 个额外的选项卡："图表工具""文本工具""绘图工具"。

（1）在"图表工具"选项卡中，可以进行以下操作：

1）更改图表类型：选择一个新的图表类型来改变图表的展示方式。

2）添加图表元素：添加或删除图表标题、图例、数据标签等元素。

3）修改图表布局：选择预设的布局选项来调整图表的整体布局。

4）切换图表样式：选择不同的样式来改变图表的外观。

5）选择数据源：包括切换行列数据，重新选择数据源。

在"图表工具"选项卡中单击"设置格式"按钮 设置格式，可以调出图表"属性"窗格。选择图表元素，如图表标题、图例、数据系列等，可以在"属性"窗格中格式化图表元素，包括调整颜色、字体、大小等属性，如图 5.44 所示。

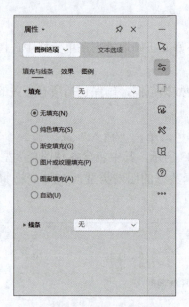

图 5.44 "属性"窗格

（2）在"文本工具"选项卡中，可以进行以下操作：

1）字体和字号调整：调整图表标题、坐标轴、图例等的文字格式。

2）文本格式设置：包括文字颜色、加粗、斜体、下划线、对齐方式等。

3）格式刷：使用格式刷将一个图表的格式快速复制到其他图表。

4）样式应用：利用样式功能快速统一多个图表的格式。

（3）在"绘图工具"选项卡中，可以进行以下操作：

1）图形编辑：对图形进行移动、调整大小、旋转等操作。

2）图形样式：改变图形的填充颜色、轮廓颜色、线条粗细等。

3）图形效果：为图形添加阴影、3D 效果等视觉效果。

通过以上步骤，可以在 WPS 表格中轻松地插入和自定义图表，使数据展示更加直观和专业。图表是数据分析和报告中不可或缺的部分，能够有效地帮助观众理解复杂的数据信息。

📎知识拓展

5.3.6 保护工作表

在利用表格进行数据分析的过程中，为了让表格数据看起来更为整洁，用户需要隐藏某些单元格。为了保护数据的安全性和完整性，用户可以对工作表设置保护。保护工作表时常和锁定单元格结合起来使用。

1. 锁定和隐藏单元格

（1）锁定单元格：选中要锁定的单元格区域，右击，选择"设置单元格格式"，在"保护"选项卡中勾选"锁定"，如图 5.45 所示。

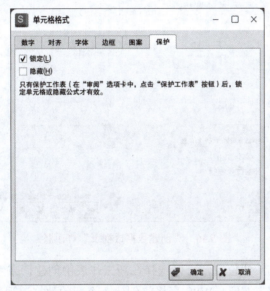

图 5.45 单元格锁定、隐藏设置

（2）隐藏公式：如果不希望用户看到公式，则可以在"保护"选项卡中勾选"隐藏"。

2. 保护工作表

保护工作表可以防止用户不小心更改工作表中的数据或格式，确保数据的准确性和一致性。通过锁定特定的单元格并保护工作表，可以确保关键数据不被更改，从而保护数据的完整性。

单击"审阅"选项卡 > "保护工作表"按钮，设置密码和保护选项后，工作表将被保护。

单击"审阅"选项卡中的"撤销保护工作表"，输入密码后可取消保护。

📢技能拓展

5.3.7 使用数据透视表

在 WPS 表格中，数据透视表是一个强大的数据分析工具，可以帮助用户快速地对大量

使用数据透视表

数据进行汇总、分析和展示。以下是制作数据透视表的详细步骤：

1. 准备数据

确保数据是整洁的，没有合并的单元格，并且每个列都有明确的标题。

2. 创建数据透视表

选择数据范围（确保包含标题行在内），单击"插入"选项卡 > "数据透视表"按钮。

3. 设置数据透视表选项

在弹出的"创建数据透视表"对话框中，确认数据范围是否正确，如图 5.46 所示。

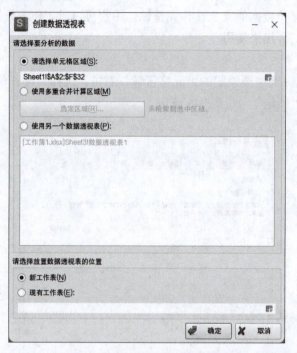

图 5.46　"创建数据透视表"对话框

选择数据透视表的放置位置，可以选择在新工作表中创建，或者在当前工作表的特定位置创建。单击"确定"按钮，WPS 表格将创建一个新的数据透视表。

4. 布局数据透视表

在数据透视表字段列表中，用户会看到所有的列标题。将想要作为行标签的字段拖到"行"区域，将想要作为列标签的字段拖到"列"区域，将想要进行数值汇总的字段（如销售额、数量等）拖到"值"区域。这些字段通常会显示为求和、计数、平均等汇总函数。

5. 自定义数据透视表

单击数据透视表中的任意单元格，然后在"数据透视表工具"选项卡中进行自定义。在"设计"选项卡中，可以选择不同的布局和样式。在"分析"选项卡中，可以对数据透视表进行排序、筛选，以及更改数值字段的汇总方式。

6. 刷新数据透视表

如果原始数据发生了变化，需要更新数据透视表以反映最新的数据。单击数据透视表中的任意单元格，然后在"分析"选项卡中选择"刷新"。

7. 格式化数据透视表

根据需要，可以调整列宽、行高、字体、颜色等，以提高数据透视表的可读性和外观。使用条件格式来突出显示特定的数据。

　　通过以上步骤，可以在 WPS 表格中创建并自定义数据透视表，以便快速地对数据进行深入分析。数据透视表是数据分析和报告中不可或缺的工具，能够帮助用户从不同的角度理解数据，并做出更有信息支持的决策。

技能测试

　　1. 打开"成绩分析 .xlxs"，按要求完成下列操作：

　　（1）将"Sheet3"工作表重命名为"图表制作"。

　　（2）根据"成绩分析"工作表中"总分"列填写 B2:B5 区域。

　　（3）根据填写的 B2:B5 区域计算 C2:C5 区域。C2:C5 区域以百分比形式显示，并保留 2 位小数。

　　（4）插入图形，具体要求：以"总分区间"和"人数"列数据制作簇形柱形图。

　　（5）对图形进行美化，具体要求：将"图表样式"设置为"样式 3"，更改图表颜色为"彩色第四行第一个"。

　　（6）以"总分区间"和"比重"列数据制作饼图，为饼图修改样式，选择"样式 2"。

　　（7）将饼图移动到一张新的工作表中，新工作表名称为"移动图表 - 饼图"，将"移动图表 - 饼图"工作表移动到"图表制作"工作表之后。

　　（8）将"填充"工作表设置页面纸张方向为"横向"，纸张大小为"B5"，设置为"居中打印"，居中方式为"水平居中"和"垂直居中"，设置"打印网格线"和"行号列标"，设置 A1:E21 为打印区域。

　　2. 打开"工作簿 1.xlxs"，按要求完成下列操作：

　　（1）打开"工作簿 1.xlxs"工作簿，将"Sheet1"工作表重命名为"账龄分析表"，将"Sheet2"工作表重命名为"坏账准备计提明细表"。

　　（2）单击"账龄分析表"工作表，选中 A1:A2 区域，合并居中，选中 A3:A4 区域，合并居中。

　　（3）选中 A1:F4 区域，设置"字体"为"宋体"；选中 A1:A4 区域，设置"字号"为"11"，加粗；选中 B1:F4 区域，设置"字号"为"10"；选中 B4:F4 区域，设置数字格式，具体要求："数值样式"并保留整数，"千位分隔符样式"。

　　（4）选中 A1:F4 区域，设置"行高"为"18 磅"，设置"列宽"为"10 磅"，设置"对齐方式"为"垂直居中""水平居中"。选中 A1:F4 区域，设置边框，具体要求："颜色"选择"自动"，"样式"选择"最细的实线"，"边框"选择"内部"和"外边框"；将 B1:F1 区域和 B3:F3 区域填充颜色为"白色，背景 1，深色 25%"。

　　（5）选中 B1:F2 区域制作饼图；为饼图快速布局，选择"布局 1"。将图表标题修改为"不同超龄时间应收款所占比例"，并设置"字体"为"宋体"，"字号"为"18"；将"数据标签"设置"字体"为"楷体"，"字号"为"10"。选中 B3:F4 区域制作簇状柱形图；为柱形图快速布局，选择"布局 5"。将图表标题修改为"不同超龄时间的应收款余额"，并设置"字体"为"宋体"，"字号"为"18"；将坐标轴标题修改为"应收款"，并设置"字体"为"宋体"，"字号"为"10"；为柱形图添加数据标签，选择"数据标签外"，将"数据标签"设置"字体"为"楷体"，"字号"为"10"；将"图例"设置"字体"为"仿宋"，"字号"为"10"。移动图表位置和调整图表大小，具体要求：使饼图覆盖 A8:E18 区域。

项目 6　制作 WPS 演示文稿

项目导读

　　演示文稿制作是日常工作展示的重要组成部分。使用 WPS Office 可以快速制作出图文并茂、富有感染力的演示文稿。但是对于一些计算机应用基础薄弱的人来说，如何高效利用 WPS Office 制作演示文稿进行成果展示汇报成为一项亟需解决的问题。

　　本项目设计了一个项目情景，旨在通过本项目任务，帮助学生快速掌握 WPS 演示文稿制作的基本方法，并能够利用常用工具设计、美化演示文稿。

教学目标

知识目标

- 掌握 WPS 演示文稿制作、编辑和使用方法。
- 了解演示文稿中动画设计、母版制作、放映和导出等功能。

技能目标

- 能利用 WPS 演示模块制作演示文稿。
- 会利用常用工具设计、美化演示文稿。

素质目标

- 提高学生动手能力、观察与创新思维能力、解决问题能力。
- 培养学生形成规范的操作习惯，养成良好的职业行为习惯。

项目情景

　　校学生会为了让学生增进对彼此的了解，促进友谊的萌芽，帮助每位学生找到属于自己的位置，结交到新的朋友，将举行一次特别的自我介绍活动。以下是活动的相关安排：

活动时间：本周五下午 2:00—4:00。

活动地点：学校多功能厅（位于图书馆旁）。

参与对象：全体大一新生。

介绍内容：

- 姓名：请告诉大家你的名字。
- 兴趣爱好：告诉大家你的兴趣所在，也许能找到志同道合的朋友。
- 特长或成就：如果你有特别擅长的技能或引以为傲的成就，欢迎展示。
- 家乡：分享你的故乡，让大家感受不同地域的风情。
- 对未来的期待：谈谈你对大学生活的憧憬和对未来职业生涯的规划。

形式要求：

- ⬤ 自我介绍时长不超过 10 分钟。
- ⬤ 可以准备 PPT 或小道具辅助介绍。
- ⬤ 鼓励创新和个性化，让自我介绍成为展现自我的舞台。

小琪看到通知后，决定报名参加，并精心准备展示用的 PPT。但是小琪之前并没有独立完成过 PPT 的制作，需要找人协助她来完成。

任务 6.1　制作自我介绍演示文稿

🔍 任务描述

根据自我介绍活动的通知要求，小琪需要制作一份演示文稿，内容包括姓名、兴趣爱好、特长成就等。那么如何制作自我介绍的演示文稿呢？首先要做的就是学会新建和制作 WPS 演示文稿的基本方法，并掌握如何设置字体、段落、表格、图片等元素。

💬 相关知识

6.1.1　新建演示文稿

WPS 演示文稿由一系列幻灯片组成。幻灯片可以包含醒目的标题、合适的文字说明、生动的图片以及音视频等多媒体组件元素。

首先，新建开始制作演示文稿，具体操作步骤如下：

（1）在计算机显示器桌面中找到 WPS Office 图标，如图 6.1 所示，双击打开该软件。如果桌面没有 WPS Office 图标，则可以单击桌面左下角的"开始"按钮，打开"开始菜单"，在菜单中找到 WPS Office 图标，如图 6.2 所示。单击图标后打开 WPS Office，界面如图 6.3 所示。

图 6.1　WPS Office 图标

图 6.2　"开始菜单"中的 WPS Office 图标

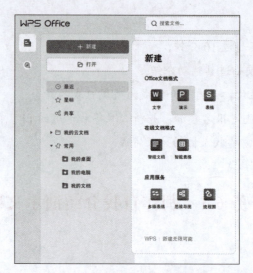

图 6.3　WPS 演示文稿打开界面

（2）单击界面中的"新建"按钮，在弹出的"新建"对话框中选择"演示"按钮，然后单击"空白演示文稿"选项，即可创建一个新的演示文稿，如图 6.4 所示。

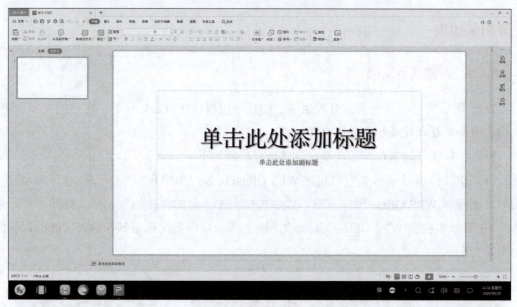

图 6.4　新建演示文稿

编辑文字

6.1.2　编辑文字

当演示文稿创建成功后，就可以开始编辑演示文稿了。首先，用户需要在空白演示文稿中输入文字，输入文字的方法如下：

（1）占位符输入文字。在新建 WPS 演示文稿时，在幻灯片中看到的虚线框就是占位文本框，文本框内的"单击此处添加标题"以及"单击此处添加副标题"为占位符提示。当单击文本占位符时，提示文字就会消失，就可以进行文字的输入了。具体操作如下：

1）单击"单击此处添加标题"，然后用键盘输入"自我介绍"4 个字，如图 6.5 所示。

2）单击"单击此处添加副标题"，然后用键盘输入"某学院 某某"，如图 6.6 所示。

另外，占位文本框是可以移动和改变大小的。具体方法：选中占位文本框，将鼠标移至占位文本框周围的控制点，当鼠标指针变为双向箭头时，按住鼠标左键拖动即可改变文本框大小。

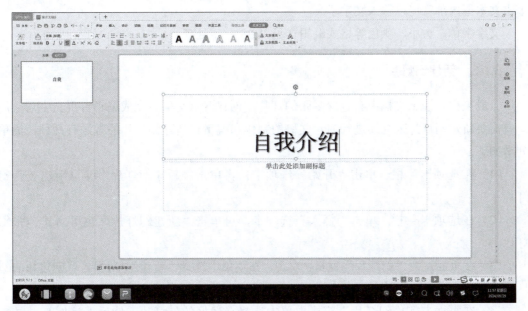

图 6.5　添加标题

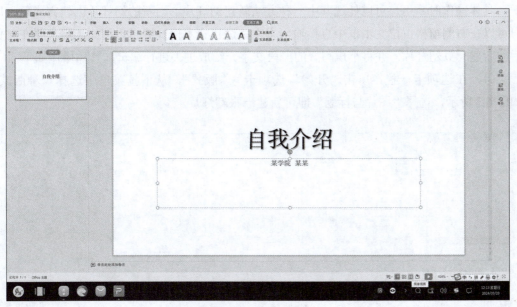

图 6.6　添加副标题

（2）大纲视图输入文字。在左侧窗格中选择"大纲"，在"大纲"窗格中将标题占位符删掉，输入标题文本，就完成了页面主标题文字的输入。

主标题文字输入完成后，按快捷键 Ctrl+Enter，就可以进行副标题的输入了。

第一张演示文档的标题文字输入完成后，继续使用快捷键 Ctrl+Enter 就可以自动生成第二张幻灯片并进行标题的输入了。

（3）使用文本框输入文字。在 WPS 演示文稿中占位文本框属于特殊文本框，里面包含了格式、位置等，在输入文字时，用户也可以自己插入文本框进行文字的输入。具体操作如下：

在选项卡一栏，单击"插入"选项卡＞"文本框"，单击"文本框"右侧箭头按钮，从下拉菜单中选择自己需要的文本框样式，然后在幻灯片中按住左键拖动即可生成文本框，单击文本框内部就可以输入文字了。

文字字体、大小、颜色等格式编辑详见 WPS 文字处理。

新建幻灯片

6.1.3　新建幻灯片

一般来说，演示文稿中会包含多张幻灯片。创建演示文稿并完成编辑首页文字后，用户就需要新建幻灯片来继续进行演示文稿的制作和编辑。新建幻灯片的方法有几种，简单列举如下：

（1）在选项卡一栏，单击"开始"选项卡，再单击"新建幻灯片"即可新建一张幻灯片。

（2）在选项卡一栏，单击"插入"选项卡，再单击"新建幻灯片"也可新建一张幻灯片。

（3）在页面左侧"幻灯片"窗格，右击，在菜单中选择"新建幻灯片"，可创建新的幻灯片。

（4）在页面左侧"幻灯片"窗格中单击选择已建好的幻灯片，然后直接按 Enter 键，可快速新建幻灯片。

具体操作时，用户可以任选其中一种方法新建幻灯片。当新的幻灯片创建完成后，用户可以在右侧窗格占位文本框中直接输入文字并进行文本格式编辑。例如，用户要在首页后面新建一页幻灯片，并将小琪写好的一段文字介绍放进去进行编辑，具体操作如下：

（1）在选项卡一栏，单击"开始"选项卡＞"版式"，从下拉菜单中选择一种版式，如图 6.7 所示，选择"图片与标题"即可新建一张幻灯片。

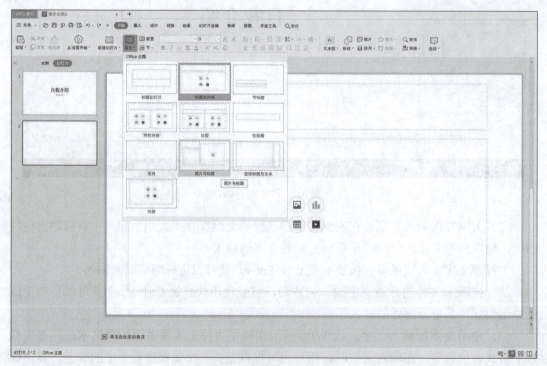

图 6.7　图片与标题版式幻灯片

（2）单击"单击此处编辑标题"占位符，用键盘输入"自我介绍"4 个字。

（3）单击"单击此处添加文字"占位符，输入下面一段文字：

大家好，我是人文学院小学教育专业的大一新生小琪。我来自美丽的新疆维吾尔自治区阿勒泰市，性格活泼开朗、乐观向上，喜欢与人交流，分享快乐。我的座右铭是"生命不息，奋斗不止"

该段字体设置为"宋体"，字号为"24 号"，如图 6.8 所示。

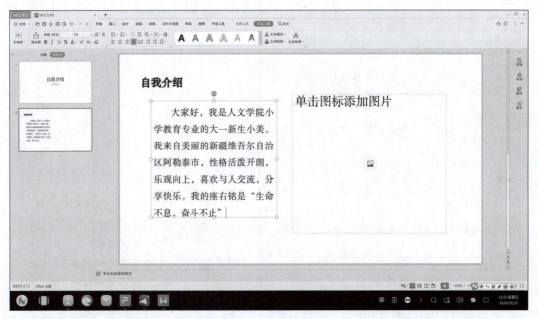

图 6.8　文字输入

（4）单击"单击图标添加图片"占位文本框中的"插入图片"按钮，在弹出的"插入图片"窗口中选择要添加的图片，如图 6.9 所示，单击"打开"按钮即可插入图片。

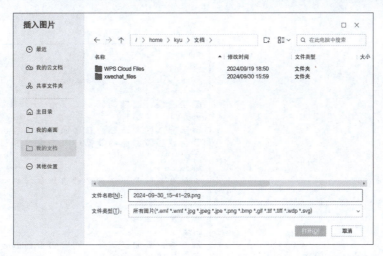

图 6.9　"插入图片"窗口

6.1.4　编辑形状

在制作 WPS 演示文稿时，除了输入文字，用户还可以通过插入形状、表格、图表等元素来丰富幻灯片内容。

选择需要编辑的幻灯片，在选项卡一栏单击"插入"选项卡"形状"，在预设形状中选择一个图形插入。如图 6.10 所示，选择一个"心形"插入。

选择已插入的图形，右击，在菜单中选择"编辑顶点"或在"绘图工具"中选择"编辑形状"下的"编辑顶点"，如图 6.11 所示。在形状编辑点上可以自由拖动调整，单击某个点后还可以拖动自动出现的辅助线进行调整，如图 6.12 所示。

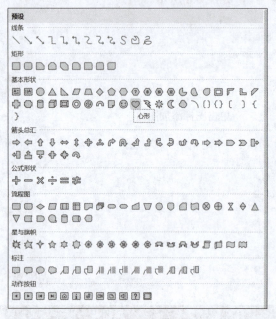

图 6.10　选择形状插入

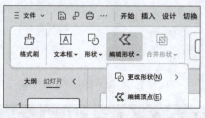

图 6.11　编辑顶点

也可以在"形状"下拉列表中单击"自由曲线"后，按下鼠标左键拖动进行绘制，如图 6.13 所示。闭合后的形状不会自动进行填充，用户可以在"绘图工具"下自由进行设计；也可以在"形状"下拉列表中单击"任意多边形"，然后再根据需要进行设计操作，如图 6.14 所示。

图 6.12　辅助线

图 6.13　自由曲线

图 6.14 任意多边形

🔗 知识拓展

6.1.5 WPS 文字、WPS 表格、WPS 演示文稿的区别与联系

WPS 文字、WPS 表格和 WPS 演示文稿是 WPS Office 套件中的 3 个主要组件，它们分别对应于 Microsoft Office 套件中的 Word、Excel 和 PowerPoint。

表 6.1 中是这 3 个组件的对比。

表 6.1 3 个组件的对比

对比维度	WPS 文字	WPS 表格	WPS 演示文稿
功能定位	文字处理	数据管理和分析	幻灯片制作
主要用途	文档创作、编辑、排版	数据处理、分析、可视化	报告和演示文稿制作
学习难度	相对平缓，但高级功能需要深入了解	相对较高，涉及数据处理和分析技能	相对较低，但制作精美幻灯片仍需掌握高级功能
兼容性	支持多种文件格式，兼容 Microsoft Word 等	支持多种文件格式，兼容 Microsoft Excel 等	支持多种文件格式，兼容 Microsoft PowerPoint 等
特色功能	样式设置、目录生成、图表插入等	数据排序、筛选、复杂公式、数据透视表等	动画效果、切换效果、幻灯片母版等
适用场景	个人办公、企业办公、教育教学、科研写作等	数据统计、财务分析、市场研究等	会议报告、学术讲座、产品推介等
更新情况	持续更新，增加新功能和改进现有功能	持续更新，增强数据处理和分析能力	持续更新，改善演示效果和交互性

从上述对比可以看出，WPS 文字、WPS 表格和 WPS 演示文稿在功能定位、主要用途、学习难度、兼容性、特色功能、适用场景和更新情况等方面都有所区别。选择使用哪个组件取决于具体的工作需求和个人偏好。例如，如果用户需要处理大量数据和进行复杂分析，WPS 表格可能是最佳选择；如果用户需要制作演示文稿，WPS 演示文稿将更为合适；而对于一般的文字处理工作，WPS 文字则是标准的选择。

技能拓展

6.1.6　设置字体和形状的特殊格式

为增加幻灯片的观赏性，用户在制作幻灯片时，可以对文本中的字体和形状进行特殊格式的设置。方法列举如下：

（1）选择要编辑的文字，在选项卡一栏选择"文本工具"，在下方工具栏内可选择对文本进行字体、颜色、轮廓、形状或效果等方面的设置。具体设置可根据个人喜好进行选择。

（2）选择要编辑的图形，在选项卡一栏选择"绘图工具"，在下方工具栏内可选择对形状进行形状、填充颜色、轮廓、效果等方面的设置。具体设置可根据个人喜好进行选择。

技能测试

请根据本节项目内容介绍，制作一份自我介绍演示文稿，其中包括姓名、兴趣爱好、特长成就等内容的编辑设置。

任务 6.2　制作"家乡宣传片"演示文稿

任务描述

在小琪的自我介绍演示文稿中，有一部分内容是要分享她的故乡，让同学们了解不同地域的风情。如何将家乡美好的景色及风土人情展示给同学们呢？小琪想把自己拍的一些家乡的照片和视频编辑到她制作的演示文稿中展示给同学们。本小节重点学习如何用 WPS 演示文稿来进行图片编辑、视频编辑及动画编辑等，帮助小琪来制作完成她的"家乡宣传片"吧！

相关知识

6.2.1　图片编辑

利用 WPS 演示文稿制作主题为"魅力新疆"的家乡宣传片，首先需要将展示家乡风貌的图片插入幻灯片中进行编辑。例如在主题为"历史沿革"的幻灯片中插入图片"驼队 .png"，并使图片右上角为圆角，具体操作步骤如下：

（1）打开演示文稿，选择主题为"历史沿革"的幻灯片，在选项卡一栏单击"插入"选项卡 > "图片"按钮，在下拉列表中选择"本地图片"，在打开的"插入图片"对话框中找到图片"驼队 .png"；双击图片即可将图片插入所选幻灯片。

在含有内容占位符的幻灯片中，单击内容占位符上的"插入图片"按钮，也可在幻灯片中插入图片。

（2）单击已插入的图片，图片右侧会出现浮动工具栏，单击"图片裁剪"工具，在"按形状裁剪"中，单击"单圆角矩形 2"，再在空白处单击即可。再次选中图片，拖动黄色菱形控制点还可以调整圆角的大小。

如果想对插入的图片进行更多的设置，可以单击选中图片，在右侧自动出现的浮动工具栏中选择工具对图片进行编辑处理，也可以在上方自动出现的"图片工具"选项卡中选择工具对图片进行编辑处理，还可以双击图片后在右侧窗格中进行编辑处理，如裁剪、旋转、色彩、效果、图片拼接等。

6.2.2　音频编辑

音频编辑

在展示家乡图片的过程中，还可以配上一段背景音乐，这样既可以丰富演示文稿的内容又可以增加新鲜感。WPS 演示文稿支持插入 MP3 文件（MP3）、Windows 音频文件（WAV）、Windows 媒体音频（WMA）以及其他类型的多种声音文件。例如为"魅力新疆"演示文稿添加背景音乐"吐鲁番的葡萄 .mp3"的操作步骤如下：

（1）选中第一张幻灯片，切换到"插入"选项卡，单击"音频"下拉列表按钮，在下拉列表中列出了插入音频的方式有"嵌入音频""链接到音频""嵌入背景音乐""链接背景音乐" 4 种，如图 6.15 所示，从中选择"嵌入背景音乐"。再从"插入音频"窗口中选择要插入的背景音乐文件"吐鲁番的葡萄 .mp3"，这时幻灯片中会出现声音图标，当鼠标指针移动到声音图标上时会出现会出现播放控制条，如图 6.16 所示。选中声音图标后，菜单栏中会出现"音频工具"选项卡，如图 6.17 所示。在"编辑"命令组中可以方便地剪辑插入音频。

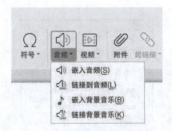

图 6.15　插入音频方式

图 6.16　声音图标和播放控制条

![图 6.17 音频工具选项卡]

图 6.17　"音频工具"选项卡

（2）选中声音图标，切换到"音频工具"选项卡，在"音频选项"命令组中选择一种播放方式，如"当前页播放"或"循环播放，直至停止"等。

（3）在"音频选项"命令组中单击"音量"按钮，从下拉列表中选择一种音量。

6.2.3　视频编辑

视频编辑

在 WPS 演示文稿中，还可以插入视频为演示文稿增添活力。可插入的视频文件包括最常见的 Windows 视频文件（AVI）、影片文件（MPG 或 MPEG)、Windows Media Video 文件（WMV）以及其他类型的视频文件。例如在"魅力新疆"演示文稿中主题为"新疆美食"的幻灯片中插入名为"视频 1.mp4"的视频文件，添加视频的具体操作步骤如下：

（1）添加视频文件。首先选中主题为"新疆美食"的幻灯片，然后切换到"插入"选项卡，单击"视频"下拉列表按钮，下拉列表中列出了插入视频的方式有"嵌入视频"和"链接到视频"形式，如图 6.18 所示。选择"嵌入视频"，打开"插入视频"窗口，找到已经保存到计算机中的"视频 1.mp4"影片文件，如图 6.19 所示。单击"打开"按钮，幻灯片中会显示视频画面的第一帧。

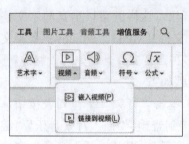

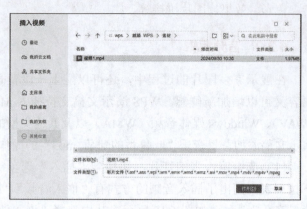

图 6.18　插入视频方式　　　　　　　　　　图 6.19　插入视频

（2）调整视频文件画面效果。右击幻灯片中的视频文件，选择快捷菜单中的"设置对象格式"，打开"对象属性"窗格，如图 6.20 所示。切换到"大小与属性"选项卡，在"大小"命令组中，勾选"锁定纵横比"复选框和"相对于图片原始尺寸"复选框，然后在"高度"微调框中调整视频的大小，如图 6.21 所示。

图 6.20　"对象属性"窗格　　　　　　　图 6.21　大小与属性

（3）控制视频文件的播放。在 WPS 演示中有视频文件的剪辑功能，能够直接剪裁多余的部分并设置视频的起始点。方法如下：选中视频文件，切换到"视频工具"选项卡，单击"裁剪视频"按钮，打开"裁剪视频"对话框，向右拖动左侧的绿色滑块，设置视频播放的开始位置，向左拖动右侧的红色滑块，设置视频播放的结束位置，如图 6.22 所示。单击"确定"按钮，返回幻灯片中。

6.2.4　动画编辑

设置动画效果

用户还可以为演示文稿中的幻灯片设置动画，可以让原本静止的演示文稿更加生动。可以利用 WPS 演

图 6.22　裁剪视频

示文稿提供的动画方案、智能动画、自定义动画和幻灯片切换效果等功能，制作出形象的生动的演示文稿。例如为"魅力新疆"演示文稿中第一张幻灯片中的标题艺术字设置进入的动画效果，具体操作步骤如下：

（1）创建基本动画。在第一张幻灯片中依次选中艺术字"魅""力""新""疆"，再切换到"动画"选项卡，从"动画样式"列表框中的"进入"动画中选择"渐变式缩放"，如图 6.23 所示。

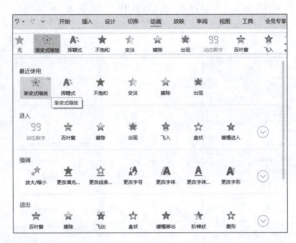

图 6.23　动画样式

（2）单击"动画"选项卡中的"动画窗格"按钮，打开"动画窗格"窗格，在动画列表中可以看到已经添加的 4 个动画，按住 Shift 键不放，依次单击选中"力""新""疆"3 个字的动画，设置动画"开始"为"上一动画之后"，使得幻灯片放映时，单击鼠标后 4 个艺术字依次出现，而不是同时出现。

🔗 知识拓展

6.2.5　动画的详细设置

（1）幻灯片的动画有 4 种类型，分别是"进入动画""强调动画""退出动画""动作路径"。

1）进入动画：是指幻灯片中的文本、图片、图形、多媒体素材等出现到幻灯片上的动画效果。进入动画中又包括"出现""淡出""飞入"等多种动画效果。

2）强调动画：是指在幻灯片的放映过程中，为了引起观众的注意，给文本、图片、图形等添加的一种动画效果。如改变字体颜色、对图片进行缩放等。

3）退出动画：是进入动画的逆过程，是指幻灯片中文本、图片、图形等从有到无，逐渐消失的一种动画类型。

4）动作路径：是指让幻灯片上的文本、图片、图形等沿着绘制好的路径运动的一种动画类型。

（2）删除动画效果。删除动画效果的方法很简单，可以在选定要删除动画的对象后，切换到"动画"选项卡，单击"删除动画"按钮，选择"删除选中对象的所有动画"，单击"确定"按钮，即可删除当前选中对象的所有动画，如图 6.24 所示。

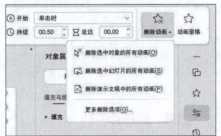

图 6.24　删除动画效果

（3）设置动画选项。当在同一张幻灯片中添加了多个动画效果后，还可以重新排列动画效果的播放顺序。选中要调整播放顺序的幻灯片，切换到"动画"选项卡，单击"动画窗格"，在其动画列表中拖动动画或单击列表框下方的重新排序按钮即可改变动画顺序，如图 6.25 所示。

在"动画"选项卡中单击"预览效果"按钮，即可预览当前幻灯片中设置动画的播放效果。如果对动画的播放速度不满意，可在"动画窗格"窗格中选定要调整播放速度的动画效果，在"速度"选项的下拉框中选择播放速度，如图 6.26 所示。

图 6.25　调整动画顺序

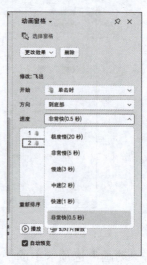
图 6.26　调整动画播放速度

如果要将声音与动画联系起来，可以采取以下方法：在"动画窗格"窗格的动画列表中选定要添加声音的动画，单击其右侧的箭头按钮，从下拉列表中选择"效果选项"，如图 6.27 所示。在弹出的对话框中，切换到"效果"选项卡，在"声音"下拉框中选择合适的音效即可，如图 6.28 所示。

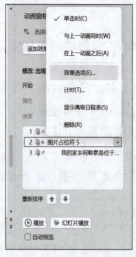
图 6.27　效果选项

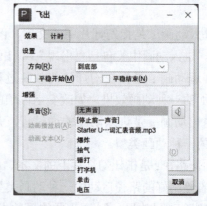
图 6.28　选择声音效果

幻灯片设计

6.2.6　幻灯片设计

（1）套用主题方案。打开 WPS 演示文稿窗口后，在"设计"选项卡下可以看到不同的主题列表，单击"更多主题"，可以查看更多优质、专业的幻灯片主题，可以根据需要按风格、配色、类型等进行筛选，如图 6.29 所示，找到自己喜欢的主题方案，单击即可快速套用。

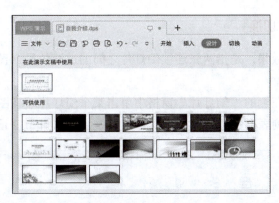

图 6.29　主题方案

（2）设置幻灯片背景。在 WPS 演示文稿中，对幻灯片设置背景是添加一种背景样式。在更改文档主题后，背景样式会随之更新以反映新的主题颜色和背景。在向演示文稿中添加背景样式时，单击要添加背景样式的幻灯片，切换到"设计"选项卡，单击"背景"下拉按钮，从中选择渐变填充预设颜色，如图 6.30 所示。

如果内置的背景样式不符合需求，用户可以进行自定义操作，方法如下：单击要添加背景样式的幻灯片，切换到"设计"选项卡，单击"背景"下拉按钮，在下拉列表中选择"背景填充"，在打开的"对象属性"窗格中进行相关的设置，如图 6.31 所示。

图 6.30　选择背景颜色

图 6.31　自定义设置背景颜色

如果要将幻灯片中背景清除，单击"对象属性"窗格中的"重置背景"按钮即可。如果单击"全部应用"则可将设置好的背景样式应用于演示文稿中的所有幻灯片。

6.2.7　幻灯片配色方案

在建立好 WPS 演示文档之后，可以进行幻灯片的配色方案修改，这样用户的演示文稿背景就会更加美观。具体操作方法如下：

打开要编辑的演示文稿，切换到"设计"选项卡，单击"配色方案"按钮，在弹出的

幻灯片配色方案

对话框中单击"更多配色方案"，用户可以分别按色系、颜色、风格选择配色方案。

演示文稿切换

🐕**技能拓展**

6.2.8 演示文稿切换

所谓幻灯片切换效果，是指两张连续幻灯片之间的过渡效果。设置幻灯片切换效果的操作步骤如下：

（1）在普通视图左侧的"幻灯片"窗格中单击某个幻灯片缩略图，然后在"切换"选项卡的"切换方案"列表框中选择一种幻灯片切换效果，如图 6.32 所示。

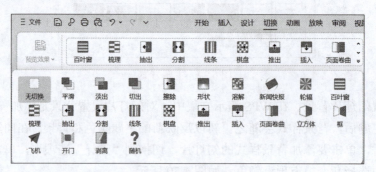

图 6.32　选择切换效果

（2）如果要设置幻灯片切换效果的速度，则在"速度"微调框中输入幻灯片切换的速度值，如图 6.33 所示。

图 6.33　设置幻灯片切换速度

（3）如有必要，在"声音"下拉框中选择幻灯片换页时的声音。单击"应用到全部"按钮，会将切换效果应用于整个演示文稿。

放映方式设置

6.2.9 演示文稿放映方式设置

WPS 演示文稿的放映设置包括控制幻灯片的放映方式、设置放映时间以及设置放映方式等。

（1）幻灯片的放映控制。考虑到演示文稿中可能包含不适合播放的半成品幻灯片，但将其删除又会影响以后再次修订。此时，需要切换到普通视图，在幻灯片窗格中选择不进行演示的幻灯片，然后右击选中区，从弹出的快捷菜单中选择"隐藏幻灯片"命令，如图 6.34 所示，将它们进行隐藏，接下来就可以播放幻灯片了。

1）启动幻灯片：在 WPS 演示文稿中，按键盘中的 F5 键或者单击"放映"选项卡中的"从头开始"按钮，如图 6.35 所示，

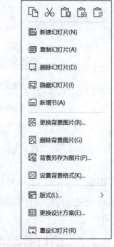

图 6.34　隐藏幻灯片

即可开始放映幻灯片。单击工作界面右下角的"放映"按钮，或者按 Shift+F5 快捷键，则可从当前选中的幻灯片开始放映。

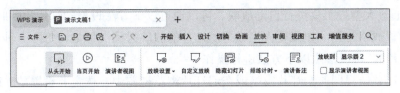

图 6.35　从头开始放映

2）控制幻灯片的放映：查看整个演示文稿最简单的方式是顺次放映下一张幻灯片，方法如下：

- 单击。
- 按 Enter 键或者按 N 键。
- 按 Page Down 键。
- 按 ↓ 键。
- 按 → 键。
- 右击，从弹出的快捷菜单中选择"下一页"。

如果要回到上一张幻灯片的放映，可以使用以下任意方法：

- 按 BackSpace 键。
- 按 P 键。
- 按 Page Up 键。
- 按 ↑ 键。
- 按 ← 键。
- 右击，从弹出的快捷菜单中选择"上一页"。

在幻灯片放映时，如果要切换到指定到某一张幻灯片放映，则需右击，从弹出的快捷菜单中选择"定位"选项，然后选择"按标题"选项，选择目标幻灯片的标题即可，如图 6.36 所示。另外，如果要跳转到第一张幻灯片的放映，按 Home 键即可。

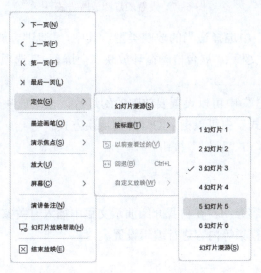

图 6.36　指定到某一张幻灯片

3）退出幻灯片放映。如果想退出幻灯片的放映，可以使用下列方法：

- 右击，从弹出的快捷菜单中选择"结束放映"。
- 按 Esc 键。

（2）设置放映时间。利用幻灯片可以设置自动切换的特性，能够使幻灯片在无人操作的展台前，通过大型投影仪进行自动放映。可以通过以下方法设置幻灯片放映时间的长短：

人工设置放映时间。如果要人工设置幻灯片的放映时间（例如，每隔 8 秒自动切换到下一张幻灯片），可以参照以下方法进行操作：

首先，在普通视图的幻灯片窗格或在幻灯片浏览视图中，选定要设置放映时间的幻灯片，选择"切换"选项卡，勾选"自动换片"复选框，然后在右侧的微调框中输入希望幻灯片在屏幕上显示的秒数。

单击"应用到全部"按钮，所有幻灯片的换片时间间隔将相同；否则，设置的只是选定幻灯片切换到下一张幻灯片的时间。

（3）设置放映方式。默认情况下，演示者需要手动放映演示文稿；也可以创建自动播放演示文稿，在展台中播放。设置幻灯片放映方式的操作步骤如下：

1）切换到"放映"选项卡，单击"放映设置"按钮，打开"设置放映方式"对话框，如图 6.37 所示。

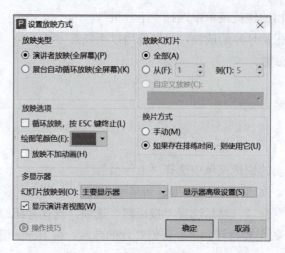

图 6.37　设置幻灯片放映方式

2）在"放映类型"中选择适当的放映类型。其中，"演讲者放映（全屏幕）"选项可以放映全屏显示的演示文稿；"展台自动循环放映（全屏幕）"选项则可使演示文稿循环全屏播放。

3）在"放映幻灯片"中可以设置要放映的幻灯片，在"放映选项"中可以根据需要进行设置，在"换片方式"中可以指定幻灯片的切换方式。

4）设置完成后，单击"确定"按钮。

● 技能测试

请根据本节项目内容介绍，在自我介绍演示文稿中插入有关家乡宣传部分的内容，并对其中的图片、声音、视频等内容进行编辑设置。

任务 6.3　制作"大学生职业生涯规划"演示文稿

● 任务描述

在小琪的自我介绍演示文稿中，最后一部分内容是对未来的期待，主要内容是谈谈自已对大学生活的憧憬和对未来职业生涯的规划。小琪已经写好了一份"大学生职业生涯规划书"，想把自己写的规划书链接到已经做好的演示文稿中，并进行展示前的排练。本小节我们重点学习如何用 WPS 演示文稿来进行超链接编辑、幻灯片母版设计及排练计时，帮助小琪完成演示文稿最后的内容插入、美化设计及排练计时设置！

💬相关知识

创建超链接

6.3.1　超链接的添加

通过在幻灯片中插入超链接，可以使幻灯片放映时直接跳转到其他幻灯片、文档或 Internet 的网页中。

（1）创建超链接。在"自我介绍"演示文稿中的第二张幻灯片的位置插入一张目录页幻灯片，并在合适的位置输入"基本信息""兴趣爱好""特长与成就""家乡介绍""憧憬与职业规划"5 个条目，要实现幻灯片放映时单击目录页中的某个条目即可跳转到相应内容的步骤如下：

1）在普通视图中选定目录页中的"基本信息"条目，切换到"插入"选项卡，单击"超链接"按钮；或右击"基本信息"条目，在右键菜单中选择"超链接"，打开"插入超链接"对话框，可在"链接到"列表框中选择超链接的类型，如图 6.38 所示。

● 选择"原有文件或网页"选项，在弹出的对话框中选择要链接到的文件或 Web 页面的地址，可以通过右侧文件列表中选择所需链接的文件名。

● 选择"本文档中的位置"选项，可以选择跳转到某张幻灯片上。

● 选择"电子邮件地址"选项，可以在右侧列表框中输入地址和主题。

● 选择"链接附件"选项，可以将演示文稿中的某个元素（如文本、图片或形状）链接到一个附件文件上。以便放映时单击这个元素就可以直接打开或下载该附件文件。

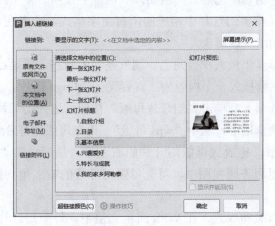

图 6.38　超链接到"本文档中的位置"

2）本例中选择"本文档中的位置"选项，再在"请选择文档中的位置"列表框中选中"基本信息"幻灯片，最后单击"确定"按钮即可。

3）用相同的方法插入"兴趣爱好""特长与成就""家乡介绍"3 个条目的超链接。

4）右击"憧憬与职业规划"条目，在右键菜单中选择"超链接"，打开"插入超链接"对话框，在"链接到"列表框中选择"原有文件或网页"选项，选择要超链接到的文件"职业生涯规划书 .docx"，最后单击"确定"按钮即可，如图 6.39 所示。

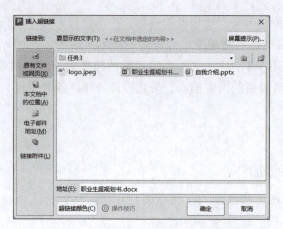

图 6.39　超链接到"原有文件或网页"

（2）编辑超链接。在更改超链接目标时，右击包含超链接的文本或图形，在右键菜单中选择"超链接">"编辑超链接"，在打开的"编辑超链接"对话框中输入新的目标地址或者重新指定跳转位置即可。

（3）删除超链接。如果仅删除超链接关系，则右击要删除超链接的对象，从弹出的快捷菜单中选择"超链接">"取消超链接"。若选定包含超链接的文本或图形，然后按 Delete 键，则超链接以及代表该超链接的对象将全部被删除。

6.3.2　幻灯片母版

修改幻灯片母版

幻灯片母版就是一张特殊的幻灯片，可以将它看作一个用于构建幻灯片的框架。在演示文稿中，所有幻灯片都是基于幻灯片母版创建的。如果更改了幻灯片母版，则会影响所有基于母版创建的演示文稿幻灯片。

（1）设计母版内容。为了批量修改演示文稿中的一部分幻灯片或全部幻灯片，可以直接修改控制这批幻灯片的母版幻灯片。例如，一次性更改所有使用此版式幻灯片的标题格式、一次性更改使用此模板幻灯片中相应的所有文字格式，或者在母版中加入任何对象，使每张幻灯片中都自动出现该对象。

例如，小琪为了彰显年轻人积极向上、朝气蓬勃的状态，需要在"自我介绍"演示文稿的每张幻灯片的右上角插入一个内容为"青春飞扬"Logo 图片。

切换到"视图"选项卡，单击"幻灯片母版"按钮，进入幻灯片母版视图。在包含幻灯片母版和版式的左侧窗格中，选中"wps 母版"；再在母版幻灯片中插入 Logo 图片，并对图片进行裁剪和缩放，拖放到母版幻灯片的右上角，最后单击"幻灯片母版"选项卡上的"关闭"按钮，返回普通视图中，可见每张幻灯片的右上角均插入了 Logo 图片，如图 6.40 所示。

（2）添加幻灯片母版和版式。在 WPS 演示文稿中，每个幻灯片母版都包含一个或多个标准或自定义的版式集。当用户创建空白演示文稿时，将显示名为"空白演示"的默认版式，还有其他标准版式可以使用。

如果用户找不到合适的标准母版和版式，可以添加和自定义新的母版和版式。首先，切换到"视图"选项卡，单击"幻灯片母版"按钮，进入幻灯片母版视图，如果要添加母版，则单击"插入母版"按钮，如图 6.41 所示。在包含幻灯片母版和版式的左侧窗格中，单击幻灯片母版下方要添加新版式的位置，然后切换到"幻灯片母版"选项卡，单击"插入版式"按钮即可。

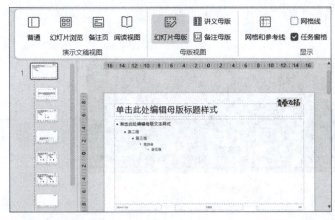
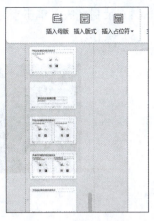

图 6.40　设计母版内容　　　　　　　图 6.41　添加母版

WPS 演示文稿的"母版版式"中默认提供了内容、标题、文本、日期等各种占位符，在设计版面时，如果用户不能确定其内容，也可以插入通用的"内容"占位符，它可以容纳任意内容，以便版面具有更广泛的可用性。

（3）删除母版或版式。如果在演示文稿中创建数量过多的母版和版式，则在选择幻灯片版式时会造成不必要的混乱。为此，要进入幻灯片母版视图，在左侧的母版和版式窗格中右击要删除的母版或版式，从弹出的快捷菜单中选择"删除母版"或"删除版式"，将一些不用的母版和版式删除。

6.3.3　排练计时

排练计时

为了使"自我介绍"演示文稿中的幻灯片能够按照设置的排练计时时间自动放映，可以使用排练计时功能为每张幻灯片设置放映时间，操作步骤如下：

首先，切换到"放映"选项卡，单击"排练计时"按钮，系统将切换到幻灯片放映视图。在放映过程中，屏幕上会出现"预演"工具栏，如图 6.42 所示。单击该工具栏中的"下一项"按钮，即可播放下一个动画或下一张幻灯片，并在"幻灯片放映时间"文本框中开始记录新幻灯片的时间。

图 6.42　排练计时

排练结束放映后，在出现的对话框中单击"是"按钮，即可保留排练的时间；如果要取消本次排练，单击"否"按钮即可。

6.3.4　录制屏幕

录制屏幕

WPS 演示文稿自带了录制屏幕的功能，可以在演示文稿放映的过程中自动录制。例如放映"自我介绍"演示文稿时，自动录制屏幕，具体操作步骤如下：

（1）打开"自我介绍"演示文稿，单击"放映"选项卡 >"从头开始"按钮，在工具栏单击"屏幕录制"。

（2）在弹出的对话框中选择录制的方式和录制区域，如图 6.43 所示。

（3）单击"开始录制"，出现倒计时后开始录制。

（4）录制完成，单击下方工具栏上的"停止"按钮即可。

（5）保存。

图 6.43　屏幕录制

 知识拓展

6.3.5　演示文稿转换为其他格式

转换格式

当用户完成演示文稿的编辑和制作后，如果有需要，用户可以将文件保存为 PDF 格式，以保证设置好的格式不变乱，也可以防止其他人恶意篡改幻灯片内容。具体操作步骤如下：

（1）打开需要转换格式的 WPS 演示文稿。

（2）单击界面左上方的"文件"，选择"输出为 PDF"。

（3）在打开的窗口中"输出范围"处选中"全部"，在"输出选项"处单击选择"幻灯片"，单击"确定"按钮就可以了，如图 6.44 所示。

WPS 演示文稿不仅支持保存为".pptx"格式和 PDF 格式，还支持保存为图片和视频格式，其操作步骤如下：

（1）打开做好的 WPS 演示文稿。

（2）单击界面左上方的"文件"，当鼠标指针移动到"另存为"右侧的箭头时可以看到这里有很多格式可供选择，如图 6.45 所示。

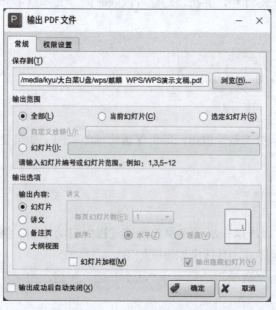

图 6.44　输出 PDF 格式

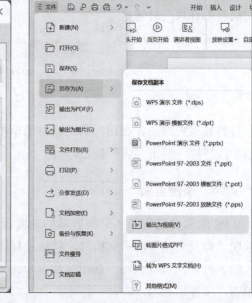

图 6.45　输出为其他格式

（3）单击"另存为"跳到保存界面。文件默认的是".pptx"保存模式，单击"文件类

型"下拉列表，也可以选择要保存的文件格式类型。

（4）如果要将做好的演示文稿保存为图片格式，则选择".jpg"格式，单击"确定"按钮即可。

（5）如果要将做好的演示文稿保存为其他格式，可参考以上步骤，选择相应的格式类型即可。

技能拓展

插入图表

6.3.6　可视化工具

在 WPS 演示文稿中有丰富的图表工具可以帮助用户实现数据可视化。使用图表工具创建数据可视化效果的操作步骤如下：

（1）打开需要插入可视化图表的 WPS 演示文稿，准备开始创建数据可视化效果。

（2）在幻灯片中选择想要插入图表的位置，在"插入"选项卡下单击"图表"，在弹出的对话框中选择用户需要的图表类型，比如柱状图、折线图、饼图等，如图 6.46 所示。

（3）单击插入的图表，在"图表工具"中，单击"编辑数据"按钮，在弹出的图表数据编辑窗口中输入前期已准备好的数据，或者复制粘贴已有的数据表格，最后调整数据选择区域的大小，以覆盖所有数据，如图 6.47 所示。当表格中的数据修改完毕后单击"保存"按钮，演示文稿中的图表会根据数据表中的数据进行改变。

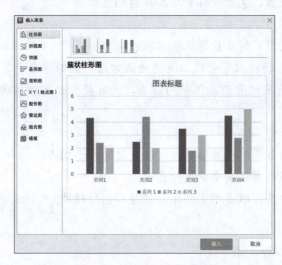

图 6.46　选择插入图表类型　　　　　　　　图 6.47　编辑图表数据

（4）数据填写完毕后，用户还可以对图表进行格式化，如更改颜色、添加数据标签、调整字体大小等，以使图表更加清晰易懂。

技能测试

请根据本节项目内容介绍，在自我介绍演示文稿中设置好目录页中的所有超链接，并进行幻灯片母版设计，最终定稿完成自我介绍演示文稿全部内容的编辑设置。

项目 7 应用麒麟工具

项目导读

麒麟操作系统管理工具具有丰富的功能和友好的用户界面，极大地简化了操作系统和设备资源的管理过程，提高了工作效率和生产力。

本项目通过一系列实践学习活动，帮助用户迅速掌握麒麟操作系统的常用工具，以便更高效、更专业地管理和运用麒麟操作系统。

教学目标

知识目标
- 掌握画图工具、计算器等常用小程序的操作，确保对这些工具的熟练运用。
- 了解并掌握分区编辑器、系统监视器、生物特征管理工具的相关知识。

技能目标
- 掌握画图工具、计算器等工具的使用，建立计算机基本操作能力。
- 掌握分区编辑器、系统监视器、生物特征等管理工具的使用方法，能够学会计算机的基本维护技能，培养独立进行系统管理与维护的能力，同时提升分析和解决问题的能力。

素质目标
- 在管理和维护计算机的过程中，培养团队成员协作精神和良好的沟通能力。
- 掌握计算机管理工具的使用，增强计算机安全使用的意识。
- 了解麒麟操作系统下计算机管理方法，激发学生的学习兴趣和创新精神。

项目情景

随着信息技术的快速发展，操作系统的管理和维护变得尤为重要。麒麟操作系统作为一款安全、稳定的国产操作系统，其工具的使用和掌握对于提升工作效率至关重要。小琪带领的团队成员需要完成以下项目内容：

1. 基础知识学习

（1）完成对麒麟操作系统基础工具（如画图工具、计算器等）的学习。

（2）了解分区编辑器、系统监视器、生物特征管理等工具的基础知识。

2. 技能提升

（1）通过实际操作，掌握画图工具和计算器的高级功能。

（2）学习如何使用分区编辑器进行磁盘管理。

（3）练习使用系统监视器监控系统性能和资源使用情况。

（4）练习使用备份还原工具，对重要文件进行备份更新。

3．实战演练

（1）模拟系统故障，使用系统监视器和分区编辑器进行故障诊断和修复。

（2）利用生物特征管理工具设置和测试安全认证机制。

4．团队协作与案例分析

（1）进行案例研究，解决实际工作中可能遇到的操作系统管理问题。

（2）准备一份案例分析报告，并在班级进行分享。

5．综合考核与反馈

（1）进行综合考核，评估团队成员对麒麟操作系统工具的掌握程度。

（2）收集团队成员的反馈，对学习材料和方法进行优化。

6．项目成果

（1）完成麒麟操作系统工具使用指南。

（2）制作教学视频，记录学习过程和技巧。

（3）形成一套标准化的操作系统管理和维护流程。

7．项目评估

通过考核成绩和团队成员的反馈来评估项目效果。观察团队成员在日常工作中操作系统工具的使用情况，以评估技能提升的实际效果。

任务 7.1　使用常用小程序

任务描述

根据项目的要求，小琪团队需要完成系统基础工具的学习，并熟练掌握其使用技巧，团队成员将详细记录学习过程和掌握的技巧，以及在实际操作中遇到的任何问题。对于这些问题，团队将进行深入研究，并寻求有效的解决方案。

相关知识

7.1.1　画图工具

画图工具是一款系统自带的绘制类软件，可通过操作鼠标在空白画板中进行绘图或者对现有图像进行填充或涂改，绘图工具丰富，操作简易。

1．打开方式

方法一：单击"开始"按钮 > 选择"画图" 。

方法二：在"任务栏"搜索"画图" ，选择"打开"。

画图工具界面如图 7.1 所示。

2．基本操作

打开画图工具后，默认显示白色画板和黑色画笔，界面顶部为菜单栏和操作栏，左侧为工具栏，底部为颜色选择窗口和状态栏。可以使用鼠标在左侧工具栏选择相应的绘画工具，在颜色选择窗口选择绘图颜色后，在白色画板中进行绘画，详细内容请扫码阅读。

3．菜单栏

画图顶部菜单栏功能说明详细内容请扫码阅读。

画图工具基本操作

画图工具菜单栏介绍

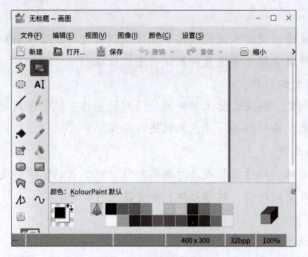

图 7.1　画图工具界面

4．工具栏

画图左侧工具栏功能说明见表 7.1。

表 7.1　画图左侧工具栏功能说明

图标	功能	描述
	选择（自由形式）	灵活选择画板上的图像内容
	选择（矩形）	选择画板上固定矩形区域内的图像内容
	选择（椭圆）	选择画板上固定椭圆区域内的图像内容
	文字	添加文本文字
	直线	画出一条直线
	画笔	进行自定义线条绘画
	橡皮擦	擦涂画板上的内容
	刷子	进行粗线条描绘
	填充	将区域内颜色填满为选中颜色
	取色器	提取该区域颜色
	缩放	放大或缩小画板上指定区域
	颜色橡皮擦	擦除区域内颜色，保留画图内容
	喷雾	进行喷雾罐式的线条描绘
	圆润矩形	画出圆角矩形
	矩形	画出直角矩形
	多边形	根据鼠标单击的交点画出多边、不规则图形
	椭圆	画出圆形或椭圆形
	连接线	画出连接线段
	曲线	画出一条直线，单击直线某一点对直线进行弯曲度拖拽

画图工具同时还提供了不同颜色选择,单击相应颜色可进行切换,如图 7.2 所示。

图 7.2 颜色选择

7.1.2 计算器

计算器是一款高效、实用的桌面计算工具,提供标准计算、科学计算、汇率换算和程序员计算模式,可完成复杂的数学计算、货币换算、编程计算;支持保存计算过程完整记录,方便随时查阅编辑运算过程。

1．打开方式

方法一:单击"开始"按钮 > 选择"计算器"。

方法二:在"任务栏"搜索"计算器",选择"打开"。

计算器界面如图 7.3 所示。

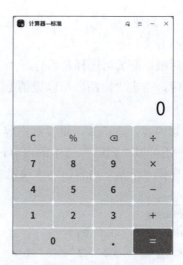

图 7.3 计算器界面

2．基本操作

计算器集成了标准计算、科学计算、汇率换算和程序员计算模式,可根据不同需求切换至对应的计算模式,同时支持使用鼠标和键盘键入数字和运算符,详细内容请扫码阅读。

计算器基本操作

7.1.3 文本编辑器

文本编辑器是一款快速记录文字的文档编辑工具,可以使用文本编辑器进行临时性内容的快速记录和编辑,支持打印、文档拼写检查、文档统计、搜索查找等功能。

1．打开方式

方法一:单击"开始"按钮 > "文本编辑器"。

方法二:在桌面空白处右击,选择"新建" > "空文本",打开文本。

方法三:在"任务栏"搜索"文本编辑器",选择"打开"。

文本编辑器界面如图 7.4 所示。

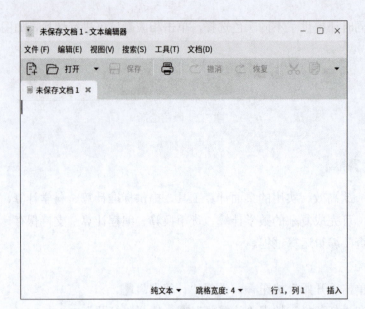

图 7.4　文本编辑器界面

2．基本操作

选择菜单栏中的"文本">"新建"/"打开"可以新建/打开文档，或单击状态栏中的新建文档，单击"打开"打开文档。

选择菜单栏中的"视图"后根据需要可选择是否打开"工具栏""状态栏""侧边栏"。

在打开的文档中进行编辑时，单击"撤销"可以撤销上次操作，单击"恢复"可以恢复上次撤销的操作。

选中内容后单击一键剪切内容，单击一键复制内容；选中内容后右击也可以快速进行"剪切"/"复制"操作，还可以"删除"选中的内容，选择"全选"则选中全部文本内容。在光标所在处右击可选择"粘贴"内容。文本编辑器部分操作如图 7.5 所示。

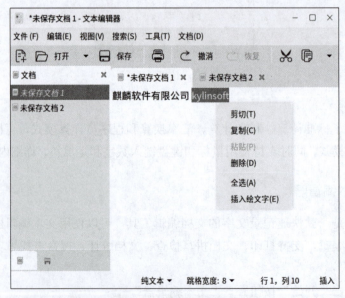

图 7.5　文本编辑器部分操作

选择"插入绘文字"将打开绘文字选择窗口，选中绘文字即可插入到文本中，如图 7.6 所示。

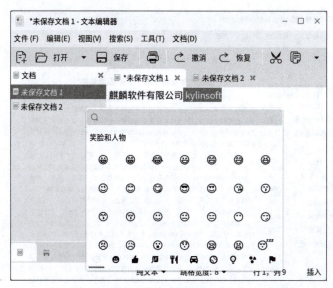

图 7.6 插入绘文字

完成编辑后选择菜单栏中的"文件">"保存"/"另存为",或单击状态栏中的 保存文件。选择菜单栏中的"文件">"打印"或单击状态栏中的 可进行打印相关设置。

3．菜单栏

文本编辑器菜单栏详细内容请扫码阅读。

文本编辑器菜单栏介绍

7.1.4 文档查看器

文档查看器是系统自带的一款文档查看工具,主要用于浏览 PDF 格式文档,支持添加书签、光标浏览、色彩反转、文字查找、文档放映等功能。

1．打开方式

方法一：单击"开始"按钮 > 选择"文档查看器" 。

方法二：选中文档图标右击,选择"打开方式">"文档查看器" 。

方法三：在"任务栏"搜索"文档查看器" ,选择"打开"。

文档查看器界面如图 7.7 所示。

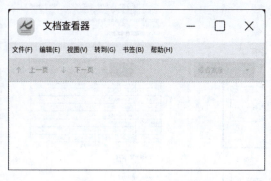

图 7.7 文档查看器界面

2．基本操作

使用文档查看器浏览文档时,单击状态栏中的 、 可进行上、下翻页操作,状态栏显示文档当前所在的页数和文档总页数,还支持选择不同的页面缩放比例,如图 7.8 所示。

图 7.8　查看文档

在侧边栏中可以选择视图类型，可选择的视图类型有"缩略图""索引""附件""层""注释""书签"，若文档无对应的视图标注则该视图选项置灰，即不可选择。

选择菜单栏中"书签"＞"添加书签"或使用 Ctrl+D 快捷键可将当前页添加至书签，选择"书签"视图类型仅显示所有添加书签的页面，如图 7.9 所示。

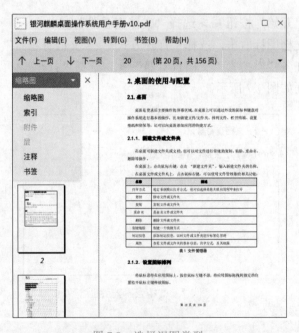

图 7.9　选择视图类型

在菜单栏的"视图"中可设置是否显示工具栏、是否显示侧边栏、反转色彩、光标浏览、双页 / 连续、放映、全屏等相关视图设置。其中，选择"反转色彩"后，文档中的字体颜色、背景及插图均有色彩的转换；启用"光标浏览"后会在文本页面上放置一个可移动的光标，以便使用键盘移动光标或选中文本。

选择"文件" > "属性"或按下 Alt+Enter 快捷键可打开文件属性窗口，查看当前文件的属性，包括文件所在位置、作者、创建时间、修改时间、页数等属性，如图 7.10 所示。

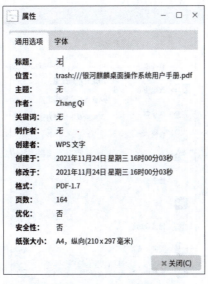

图 7.10　查看文件属性

3．菜单栏

文档查看器菜单栏功能说明详细内容请扫码阅读。

文档查看器菜单栏介绍

知识拓展

7.1.5　休闲娱乐

音乐是一款简单易用、界面简洁的音乐播放器。支持播放".mp3"".ogg"".wma"".spx"".flac"等多种音频格式文件；支持音乐收藏、新建音乐歌单；支持列表、循环、单曲播放，迷你窗口播放等功能，详细内容请扫码阅读。

音乐播放器

技能拓展

7.1.6　软件管理

7.1.6.1　启动软件商店

软件商店是一款图形化软件管理工具，为用户提供软件的搜索、下载、安装、更新、卸载等一站式软件管理服务。软件商店作为软件分发平台，为用户推荐常用软件和高质量软件。每款上架的软件都有详细的软件介绍信息以供参考，可根据实际需要下载安装。

单击桌面左下角"开始"按钮，打开"开始菜单"栏目。

可以通过鼠标上下滚动、搜索软件名称、按首字母查询、按类别查询"软件商店"，单击软件商店查找结果即可启动软件商店。

可以在"开始菜单"右击选择"软件商店"进行多种选择：

（1）固定到所有应用。可将"软件商店"图标固定到"开始菜单"的软件排序前列。

（2）固定到任务栏。固定到任务栏后可直接单击桌面左下角任务栏中"软件商店"快速打开。

（3）添加桌面快捷方式。添加桌面快捷方式后，可在桌面上找到"软件商店"的图标快速打开。

对软件商店的多种设置如图 7.11 所示。

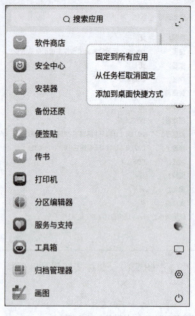

图 7.11　对软件商店的多种设置

7.1.6.2　功能模块

1．主菜单

软件商店的主界面标题栏包括主页、办公、影音、图像、全部分类、移动应用、驱动、软件管理多个模块。详细内容请扫码阅读。

2．软件管理

单击左侧导航栏的"软件管理"打开个人应用管理页面，可以查看和操作当前需要更新的软件以及卸载本机已安装的软件，同时可以查看本机安装、云安装的历史记录，通过客户端右上角的"↓"下载箭头，可以查看当前软件下载情况。

（1）正在下载。单击客户端右上角的"↓"下载箭头后，可弹出"正在下载"页面，如图 7.12 所示。如正在下载软件，正在下载按钮的右上角将显示下载个数，页面中以卡片形式显示正在下载的软件。在下载完成前，可随时暂停、继续、取消下载某一软件。

（2）更新软件。如本机软件有更新，任务栏"软件商店"图标会出现更新数量的红点提示，打开软件商店左侧导航栏的"软件管理"右侧也会出现提示，且软件更新也会出现数量提示，如图 7.13 所示。在软件卡片右下角，单击"更新"可开始更新该软件，或在页面右上角选择"全选"后，单击"全部更新"。软件在更新完成前，可随时暂停、继续、取消软件更新操作。软件下载完成后会自动安装，请耐心等待，直到出现"打开"按钮即说明软件安装完成。

（3）卸载软件。如想卸载从软件商店下载安装的本机软件，除了在本机启动菜单中右击进行删除，还可在此页面选择相应软件卡片，单击"卸载"即可。如需批量操作，则单击右上角"全选"，选择"一键卸载"，如图 7.14 所示。

软件商店功能模块介绍

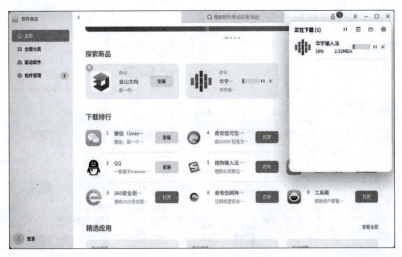

图 7.12 正在下载

图 7.13 应用更新

图 7.14 应用卸载

（4）历史安装。查看软件的安装历史，如图 7.15 所示。默认显示本机安装历史，即本机在软件商店中下载安装的软件列表。如果登录了麒麟 ID 账号，还可通过在云安装历史下查看该账号在其他计算机终端安装的记录。

图 7.15　历史安装

若某些软件已从本机卸载，可在该页面单击"下载"重新下载安装。

7.1.6.3　错误码提示

软件商店错误码提示

在使用软件商店时遇到错误提示，可参考对应的错误代码提示尝试解决问题。详细内容请扫码阅读。

技能测试

请打开并使用录音、天气、便签贴、U 盘启动器等常用软件。

任务 7.2　使用管理工具

任务描述

小琪团队将着手掌握分区编辑器、系统监视器以及生物特征管理等关键工具的使用。团队成员需熟练运用这些工具，并在实战演练中验证其技能。此外，团队将撰写详尽的案例分析报告，确保根据项目的具体要求，圆满完成项目并交付项目成果。

相关知识

7.2.1　分区编辑器

分区编辑器

分区编辑器提供了对本机所有存储设备（包括移动硬盘、U 盘）进行查看和编辑的功能。

1．打开方式

方法一：单击"开始"按钮 💬 >选择"分区编辑器" 🔲。

方法二：在"任务栏"搜索"分区编辑器" 🔲。

分区编辑器界面如图 7.16 所示。

2．基本操作

磁盘分区中的色彩条表示分区大小，列表区展示了各个分区的详细信息，包含挂载点、大小等。

图 7.16　分区编辑器界面

单击色彩条会在列表区中标记出该分区，单击列表区的分区也会在色彩条上显示，如图 7.17 所示。

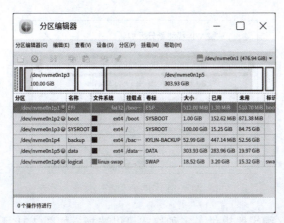

图 7.17　彩条与分区的关联

选择菜单栏上的"分区"，或者在列表区右击，出现的菜单如图 7.18 所示。

图 7.18　分区菜单

（1）创建新分区。在设备上的未分配区域上选择"新建"，可设置新分区的相关信息，如图 7.19 所示。

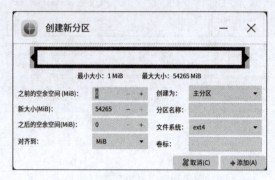

图 7.19　新建分区

（2）更改分区大小。在窗口中拖拽色彩条，或是输入新的大小，即可调整分区大小，如图 7.20 所示。

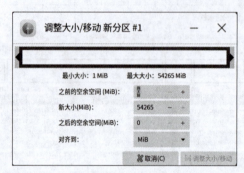

图 7.20　更改分区大小

（3）格式化。分区编辑器提供了多种格式可供选择，如图 7.21 所示。

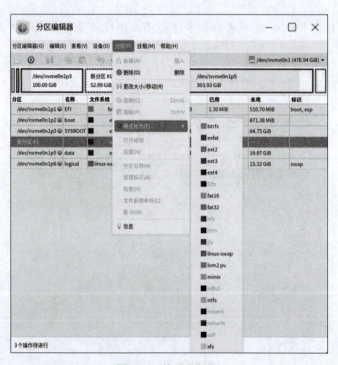

图 7.21　格式化分区

（4）标识和卷标。标识管理如图 7.22 所示。还可以重新设定分区的名称，即卷标如图 7.23 所示。

图 7.22 标识管理

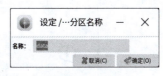

图 7.23 卷标

（5）信息。分区详细信息如图 7.24 所示。

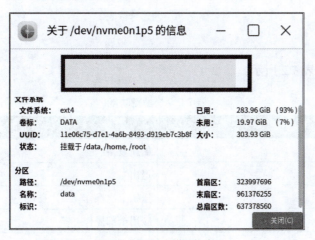

图 7.24 分区详细信息

3．高级功能

（1）刷新设备。选择"分区编辑器">"刷新设备"即可刷新设备。

注意：如果硬盘设备或分区发生了变化，比如插入了 U 盘，就需要刷新设备，才能在分区编辑器中查看到新插入的 U 盘。

（2）编辑。选择"编辑"，可撤销上次操作，清除 / 应用全部待执行的操作。

（3）查看。选择"查看"，可设置是否在主界面上显示"设备信息""待执行操作"。还可以查看文件系统支持列，如图 7.25 所示。

（4）分区表。选择"设备"，可在硬件设备上创建新分区表，如图 7.26 所示。

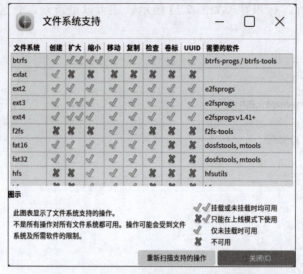

图 7.25　文件系统支持列

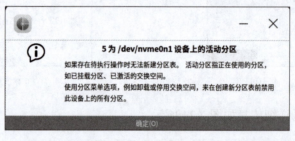

图 7.26　创建分区表

4．快捷键

快捷键功能见表 7.2 所示。

表 7.2　快捷键功能

快捷键	功能
Ctrl+R	刷新设备
Ctrl+Q	退出
Ctrl+Z	撤销上次操作
Ctrl+Enter	应用全部操作
Delete	删除
Ctrl+C	复制
Ctrl+V	粘贴

7.2.2　系统监视器

系统监视器是国产银河麒麟系统上监控系统进程、系统资源和文件系统的专业应用，其简洁明了的界面可直观显示用户想要查找的系统相关信息。

1．打开方式

方法一：单击"开始"按钮 >选择"系统监视器" 。

方法二：在"任务栏"搜索"系统监视器" 。

2．基本操作

系统监视器可以实时监控处理器状态、内存占用率、网络上传下载速度，管理系统进程和应用进程，也支持搜索进程和强制结束进程。详细内容请扫码阅读。

系统监视器基本操作

7.2.3　生物特征管理工具

介于每个人的指纹等生物特征具有唯一性和稳定性，不易伪造和假冒，利用生物特征进行身份认定，比传统口令密码更安全、可靠、准确。

默认使用生物认证需要满足 5 个条件：

（1）设备已连接，且驱动状态为打开。

（2）"权限设置 - 生物设备"的开关状态为打开。

（3）"权限设置 - 生物识别"将用于对应场景的开关状态为打开。

（4）设置连接设备为默认设备。

（5）该设备下存在已录入的生物特征。

1．打开方式

方法一：单击"开始"按钮 > 选择"生物特征管理工具"。

方法二：在"任务栏"搜索"生物特征管理工具"。

生物特征管理工具设备与权限如图 7.27 所示。

图 7.27　生物特征管理工具设备与权限

2．基本操作

生物特征管理工具基本操作详细内容请扫码阅读。

生物特征管理工具
基本操作

📎 知识拓展

7.2.4　备份还原工具

备份还原用于对系统或用户数据进行备份和还原。该工具支持新建备份点，也支持在某个备份点上进行增量备份；支持将系统还原到某次备份时的状态，或者在保留用户数据的情况下进行还原。

备份还原工具

备份还原有两种模式：常规模式、Grub 备份还原，本书主要介绍常规模式备份还原。

7.2.4.1　打开方式

方法一：单击"开始"按钮 > "备份还原"。

方法二：在"任务栏"搜索"备份还原"。

系统备份界面如图 7.28 所示。

图 7.28　系统备份界面

7.2.4.2　常规模式

1. 系统备份

系统备份可以将除 /backup、/media、/run、/proc、/dev、/sys、/cdrom、/mnt 等目录外的整个文件系统中的数据（包含用户数据）进行备份。

单击"开始备份"按钮，进入选择备份位置页面，可以选择备份到本地备份分区或移动设备，也可以选择备份到本机非备份分区中，但不能受到保护，如图 7.29 所示。

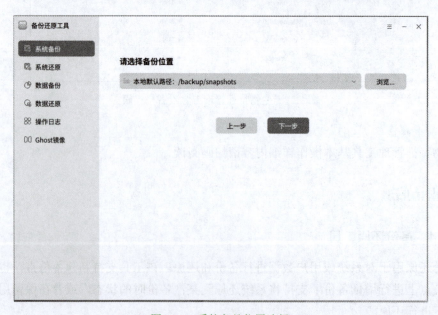

图 7.29　系统备份位置选择

单击"下一步"按钮，进入环境检测界面。检测诸如备份空间是否充足等，检测完成
会展示检测结果，如图7.30和图7.31所示。

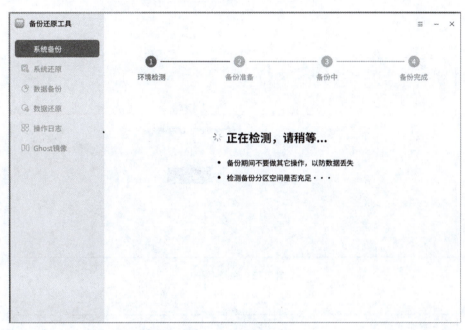

图 7.30　环境检测

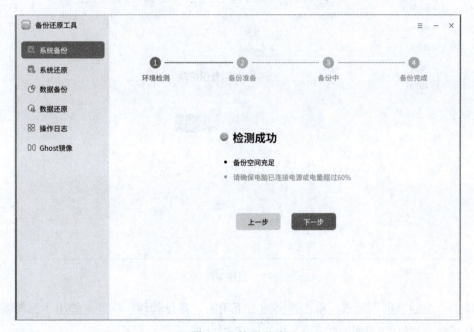

图 7.31　检测通过

单击"下一步"按钮，进入备份准备界面。在此界面可以定义备份点名称，并对备份
名称进行唯一性校验。

定义好备份名称后，单击"下一步"按钮，进入备份中界面，正式进行备份，如图7.32
所示。

备份过程中可以单击"取消"按钮，取消备份操作。备份完成后，进入备份完成界面，
展示备份结果，如图7.33所示。

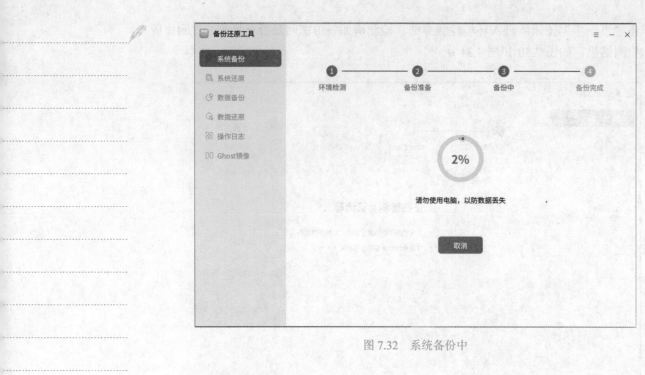

图 7.32　系统备份中

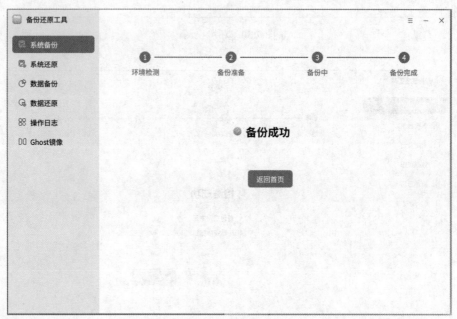

图 7.33　系统备份完成

单击"返回首页"按钮，单击首页的右下角的"备份管理"标签，弹出"系统备份信息"对话框，可以看到刚刚的系统备份，如图 7.34 所示。

2. 系统还原

系统还原可将系统还原到以前一个备份时的状态。注意，系统还原时同样会将用户数据进行还原，为防止用户数据丢失，可以先用数据备份将重要的用户数据进行备份；若需要保留完整的用户数据，也可以勾选系统还原首页中的"保留用户数据"复选框后再还原，如图 7.35 所示。

单击"开始还原"按钮，会弹出"系统备份信息"对话框，如图 7.36 所示。

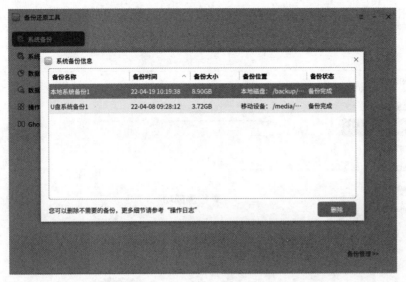

图 7.34 "系统备份信息"对话框

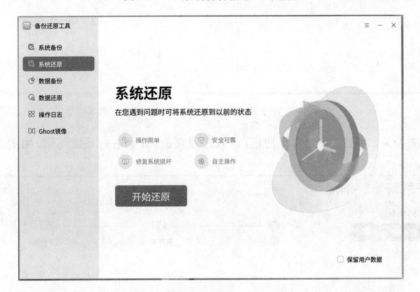

图 7.35 系统还原

图 7.36 "系统备份信息"

选择相应的备份点，单击"确定"按钮，进入系统还原的环境检测界面，如图 7.37 所示。

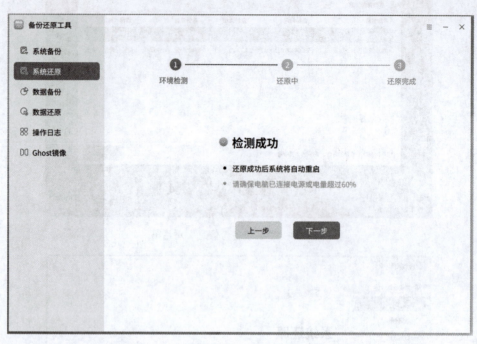

图 7.37　系统还原环境检测

检测成功后，单击"下一步"按钮，进入还原页面，开始进行系统还原，如图 7.38 所示。

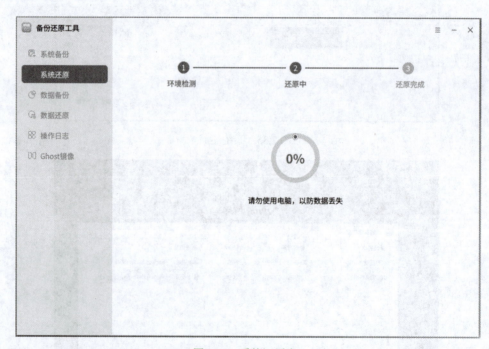

图 7.38　系统还原中

3．数据备份

数据备份可以对用户指定的目录或文件进行备份（限定为家目录 /home/xxx、/root、/data 或 /data/usershare 目录下的数据），操作与系统备份相似；可以新建备份，也可以对现有备份进行更新，如图 7.39 所示。

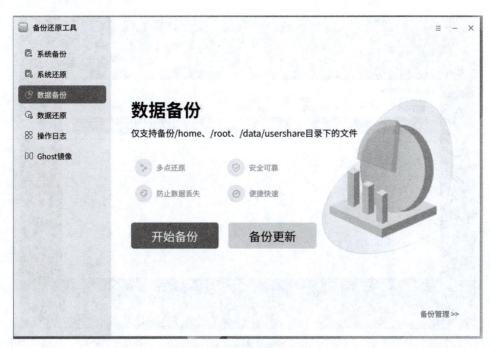

图 7.39　数据备份界面

注意：将 ""`"" "$( )" ";" "&" "|" 等可以包含并执行系统命令或用于连续执行系统命令的符号加入黑名单，在备份前对要备份的目录名称进行判断，若包含有黑名单中的符号，则不允许进行备份。

单击"开始备份"按钮，进入备份路径选择页面，如图 7.40 所示。

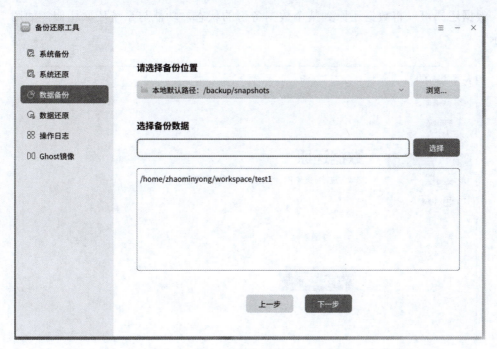

图 7.40　数据备份路径选择

或单击"备份更新"按钮，弹出"数据备份信息"对话框，选择已经存在的某个备份点进行更新，如图 7.41 所示。

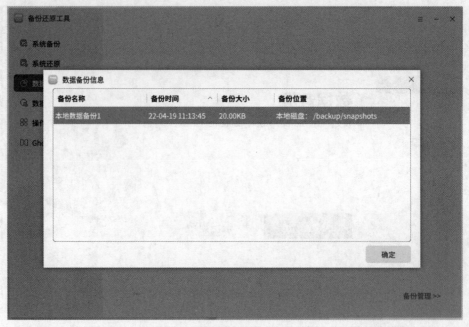

图 7.41 "数据备份信息"对话框

选择好备份路径后，单击"下一步"按钮，进入环境检测、备份准备、备份中、备份完成等环节，和系统备份类似。

数据备份首页右下角的"备份管理"，可用来查看数据备份状态、删除无效备份。数据增量备份是指在某个数据备份的基础上，更新备份点的数据。

4. 数据还原

数据还原可以将数据还原到某个数据备份的状态，功能与系统还原相似，如图 7.42 所示。

图 7.42 数据还原界面

5. 操作日志

操作日志记录了在备份还原上的所有备份、还原、删除操作，如图 7.43 所示。

图 7.43 操作日志界面

6. Ghost 镜像

Ghost 镜像安装是指将一台机器上的系统生成一个镜像文件，然后使用该镜像文件来安装操作系统。要使用该功能，首先需要有一个本地系统备份。

（1）创建 Ghost 镜像。选择"Ghost 镜像"，如图 7.44 所示。

图 7.44 Ghost 镜像界面

单击"创建镜像"按钮后，会弹出当前所有本地系统备份的列表；用户选择一个备份点，单击"确定"按钮后，进入镜像存储位置选择界面，可以选择本地或移动设备，如图 7.45 所示。

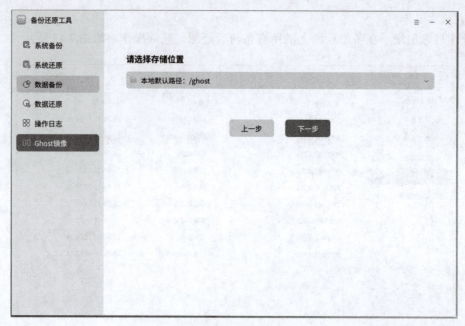

图 7.45　Ghost 镜像存储位置

单击"下一步"按钮，进入环境检测页面，检测成功后（图 7.46），单击"下一步"按钮，进入制作中界面，开始制作 Ghost 镜像，如图 7.47 所示。

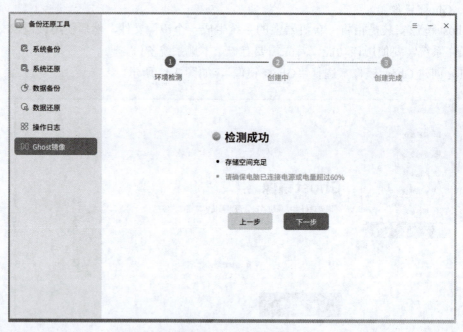

图 7.46　镜像环境检测

镜像文件名的格式为"主机名＋体系架构＋备份名称 .kyimg"；其中，备份名称只保留了数字。制作完成后，进入完成界面，如图 7.48 所示。

（2）安装 Ghost 镜像。

第一：把制作好的 Ghost 镜像（存在于 /ghost 目录下）复制到 U 盘等可移动存储设备。

第二：进入 Live 系统后，接入可移动设备。

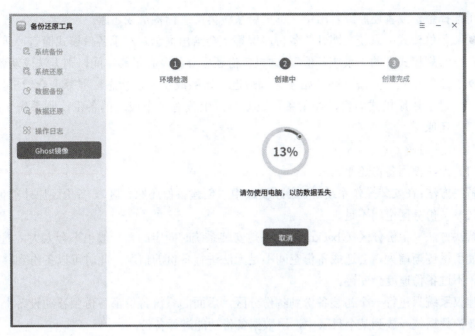

图 7.47　镜像制作中

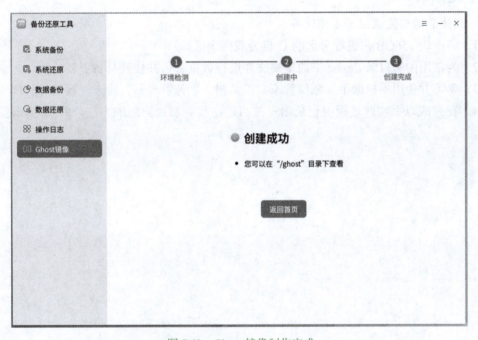

图 7.48　Ghost 镜像制作完成

第三：若设备没有自动挂载，可通过终端手动挂载设备，将设备挂载到 /mnt 目录下。通常情况下，移动设备为 /dev/sdb1，可使用命令"fdisk -l"查看移动设备所在位置。

第四：手动挂载设备命令为 sudo mount /dev/sdb1 /mnt。

第五：双击图标"安装 Kylin"，开始安装引导。进入选择安装途径界面，在"安装方式"中选择"从 Ghost 镜像安装"，并找到移动设备中的 Ghost 镜像文件。后续步骤可参考"系统安装"部分。

（3）Grub 备份还原。开机启动系统时，在 Grub 菜单选择"系统备份还原模式"。

注意：仅支持系统安装时有备份分区的机器。

可选择备份或者还原。若出错，可重启系统再次进行备份或还原。

- 备份模式：系统立即开始备份，屏幕上会给出提示。对于备份模式而言，等同于常规模式下的"系统备份"。如果备份还原分区没有足够空间，则无法成功备份。
- 还原模式：系统立即开始还原到最近一次的成功备份状态，屏幕上会给出提示。对于还原模式而言，如果备份还原分区上没有一个成功的备份，则系统不能被还原。

7. 常见问题

（1）无法使用备份还原。

解决方法：在安装操作系统时，必须要选中"创建备份还原分区"，备份还原才能使用。

（2）备份分区空间不足。

解决方法：备份分区（/backup）大小是安装系统时固定的，一般也不会太大，随着系统的使用量逐渐增大，会造成备份空间不足无法进行备份的情况。此时可以备份到移动设备上，不过备份速度会变慢。

建议系统只进行一个初装备份到备份分区，后面的系统备份都备份到移动设备上。比较重要的数据统一放到某个目录中，用数据备份功能进行备份。

技能测试

小琪团队需要完成以下工作任务

1. 将一块 256GB 未进行分区的 U 盘分成两个区。

2. 为常用的家目录 /home 下的重要文件进行数据备份并使其具备更新功能。

3. 学习并使用手机助手、麒麟管家、工具箱、字体管理器、日志查看器等管理工具。

4. 在完成以上实践过程中记录出现的问题，找到解决问题的方法，并撰写问题分析报告。

项目 8 介绍新一代信息技术

项目导读

　　随着信息技术的飞速发展，新一代信息技术（如大数据技术、云计算、人工智能、物联网等）正在深刻改变人们的生活和工作方式。这些技术不仅推动了社会的数字化转型，还为企业和个人带来了前所未有的机遇。本章就随着小琪的日常一起全面了解新一代信息技术的核心概念、应用场景和技术原理。

教学目标

知识目标

- 了解新一代信息技术的核心概念：包括大数据技术、云计算、人工智能、物联网等领域的基本概念和发展历程。
- 了解大数据技术的应用场景，理解大数据技术在智能家居、智能交通、企业决策支持等领域的实际应用。
- 熟悉云计算的基本概念与关键技术：了解云计算的服务模式（IaaS、PaaS、SaaS）、部署模型（公有云、私有云、混合云）以及云计算的关键技术，如虚拟化、分布式计算等。
- 了解人工智能的基本原理，掌握人工智能的基本概念、发展历程，以及弱人工智能与强人工智能的区别。
- 掌握区块链技术的基本原理及其在政务数据安全共享中的作用，了解区块链技术如何保障数据安全、促进跨部门协作。

素质目标

- 激发创新精神和求知欲：鼓励学生探索新一代信息技术的前沿领域，培养持续学习的习惯。
- 培养社会责任感：了解新一代信息技术在社会发展中的重要作用，树立为国家和社会发展贡献力量的责任感。

任务 8.1　大数据技术

🔍 任务描述

　　当小琪早晨醒来，智能家居系统已经通过大数据技术分析了他的生活习惯，自动调整了室内的温度和湿度，为小琪营造了一个舒适的起床环境。与此同时，智能手环已经记录了小琪昨晚的睡眠质量，并将数据上传至云端，供大数据系统进一步分析小琪的健康状况。

　　在上班途中，智能交通系统利用大数据技术实时分析路况，为小琪规划出最优的出行路线，避免了交通拥堵。走进办公室，企业的大数据平台已经根据市场趋势和小琪的工作习惯，为小琪推送了相关的业务信息和建议。

在午休时间，小琪可以通过大数据驱动的推荐系统，发现感兴趣的新闻、音乐或电影，让休闲时光更加丰富多彩。而当小琪需要处理工作时，大数据分析工具可以帮助小琪快速挖掘数据中的价值，提高工作效率。

晚上，当小琪回到家中，智能家电已经根据个人喜好和习惯，准备好了晚餐。同时，大数据健康管理系统也在持续监测小琪的身体状况，来提供个性化的健康建议。

大数据技术不仅让小琪的生活变得更加便捷和舒适，还在不断推动着各个行业的创新和进步。从金融、医疗到教育、娱乐，大数据正在重塑着每一个行业的未来。在这个数据驱动的时代，大数据技术已经成为人们不可或缺的智慧伙伴。

◉ 相关知识

8.1.1 大数据技术的定义与起源

大数据技术（Big Data Technology）是指通过一系列技术和方法，对海量、多样化的数据进行采集、存储、处理和分析，以提取有价值的信息和知识，支持决策制定和业务优化。大数据技术不仅关注数据的规模和速度，还强调数据的多样性和复杂性，致力于构建能够处理 PB 级甚至 EB 级数据的高效系统。大数据技术的实现依赖于计算机科学、统计学、数据库技术、机器学习等多个学科的知识和技术。自其诞生以来，大数据技术便以其强大的数据处理能力和价值挖掘能力，在各个领域展现出巨大的潜力和价值。

大数据技术的发展历程大致可以划分为几个重要阶段：

（1）萌芽期（20 世纪 90 年代—21 世纪初）。这一时期，随着互联网的普及和数据库技术的成熟，数据量开始迅速增长，但受限于硬件和算法的限制，大数据的处理和分析仍然面临诸多挑战。

（2）成长期（21 世纪初—2010 年）。进入 21 世纪后，随着云计算、分布式计算、数据挖掘等技术的兴起，大数据处理技术开始逐渐成熟。Hadoop、Spark 等大数据处理框架的出现，极大地提高了大数据的处理效率和规模。

（3）爆发期（2010 年至今）。近年来，随着物联网、移动互联网、社交媒体等技术的快速发展，数据量呈现爆炸式增长。同时，机器学习、人工智能等技术的不断进步，也为大数据的分析和应用提供了更强大的工具。这一时期，大数据技术在各个领域取得了广泛应用，成为推动数字化转型和产业升级的重要力量。

8.1.2 大数据的特点

（1）数据大量性（Volume）。大数据首先以数据量的巨大为显著特征。这指的是数据规模庞大，远远超出了传统数据库和软件工具的处理能力。随着信息技术的发展，数据量的增长速度也在不断加快，从 TB 级别迅速跃升至 PB、EB 甚至更高。

（2）高速产生性（Velocity）。大数据的产生速度非常快，这要求处理系统能够实时或近乎实时地处理和分析数据。例如，社交媒体、物联网设备、在线交易等都会持续不断地产生大量数据，这些数据需要被迅速处理以提取有价值的信息。

（3）数据类型多样性（Variety）。大数据涵盖了多种类型的数据，包括结构化数据（如数据库中的表格）、半结构化数据（如电子邮件、XML 文件）和非结构化数据（如文本、图像、视频等）。这种多样性要求大数据处理系统具备高度的灵活性和兼容性。

（4）价值低密度性（Value）。尽管大数据量巨大，但其中真正有价值的信息相对稀少。因此，大数据处理需要有效的算法和技术来挖掘和提取这些有价值的信息。这要求处理系统具备高效的数据分析和挖掘能力。

（5）真实性（Veracity）。真实性是大数据的一个重要但常被忽视的特点。它指的是数据的质量和可靠性。在大数据环境中，由于数据来源的多样性和复杂性，确保数据的准确性和可信度成为了一个重要挑战。因此，大数据处理需要包括数据清洗、数据验证和数据治理等步骤，以确保分析结果的准确性和可靠性。

8.1.3　大数据处理系统介绍

宽带互联网接入技术及智能终端的高速普及，使得网络数据容量以及处理数据量的增加速度大大快于以往任何时期，大数据时代已经到来。为了应对这一挑战，大数据处理系统应运而生。大数据处理系统是一种专门设计用于处理海量数据的系统，它具备处理数据量大、速度快的特点，能够应对数据强度和容量的快速增加。详细内容请扫码阅读。

大数据处理系统介绍

8.1.4　大数据技术的应用案例

在国内，大数据技术已经广泛应用于各行各业，以下是常见的大数据技术的应用案例。

1．农业农村领域

农业农村部大数据发展中心以农业农村用地"一张图"和乡村发展动态数据库为切入口，利用先进技术手段建立了一体化农业农村大数据自动采集体系。该平台推动多方数据融合，提升农业农村部门工作能力，为政府、社会、市场提供了可感可及的农业农村数据服务。

解锁大数据：信息时代的宝藏

成效：初步形成大数据"资源池"，汇聚了全国约 11.07 亿块农村承包地、96 万个农村集体经济组织、9 亿成员、400 万家庭农场等数据，有效支撑了乡村产业振兴带头人培训工作，并为超 1600 万农户提供保险核验或信贷评估服务，有效支撑农业强国和乡村振兴建设。

2．畜牧业领域

浙江省畜牧农机发展中心为了数据分析构建"浙江畜牧产业大脑"平台。该平台集行业分析、监测预警、数据服务于一体，通过与市场监管、银保监、生态环境等 8 个部门数据共享、业务对接，建设畜牧大脑数据仓。该平台 2024 年已汇集数据 2.2 亿条，覆盖 12 类畜牧兽医业务主体，日访问量 20 万次以上。通过智能模块和疫病风险管理模块，提前预测研判生猪产能、猪肉供应的波动风险，并精准推送风险信息至养殖、调运等畜牧主体及管理部门。

3．林业领域

鹤壁市通过建立基于 5G+ 物联网技术的林业有害生物的监测平台来自动识别、分类林业常规害虫，完成对林业虫害测报、趋势分析及预测预警工作，该平台运用地理信息系统、北斗卫星通信技术、计算机技术、数字化技术、网络技术、智能技术、可视化技术、移动互联网、大数据等新一代信息技术，对虫病防治的林业有害生物防治工作进行数据集成与分析，大大提高监测的时效性、覆盖率，而且采集的数据能够实时存储、查阅，为鹤壁市林业有害生物的监测工作提供科学依据和决策依据，有效控制虫病的扩散和蔓延，促进林业可持续发展。

4．政务数据开放与隐私保护

山东省大数据局建设了首个国内基于隐私计算的省级政务数据开放平台。该平台整体基于洞见数智联邦平台（Insight One）的成熟框架开发，支持多方安全计算和联邦学习融合应用模式，并通过联邦区块链保证过程的不可篡改性与可溯源性。实现"数据可用不可见、计算可信可链接"，帮助政府解决数据开放和隐私保护的"两难"问题，提升政府公信力，并通过数据开放释放数据红利，激发企业利用政务数据，带动新兴产业发展。

大数据技术还可以应用在金融行业、医疗、智能制造等行业。在金融方面它可以降低信贷风险，优化资产配置，并通过实时分析市场数据及时调整投资策略。在防范金融欺诈方面，大数据能够识别异常的交易模式和行为，及时发出预警，保障金融交易的安全。在医疗方面它可以通过对海量的医疗数据进行分析，包括患者的病历、诊断结果、治疗方案以及药物反应等，医疗机构能够更准确地进行疾病诊断，制订个性化的治疗方案。在智能制造方面它可以通过在生产线上部署传感器和智能设备，收集生产过程中的实时数据，进行数据分析和挖掘，实现生产流程的智能化管理和决策支持。

知识拓展

8.1.5　Hadoop 数据集处理框架

Hadoop 是一个由 Apache 基金会所开发的分布式系统基础架构，它允许用户在不了解分布式底层细节的情况下，开发分布式程序，并充分利用集群的威力进行高速运算和存储。Hadoop 在大数据处理领域具有重要地位。

1．Hadoop 优点介绍

Hadoop 主要包括以下 5 个优点：

（1）高可靠性。Hadoop 通过维护多个数据副本，确保数据的可靠性。即使某个节点或存储出现故障，也不会导致数据的丢失。

（2）高扩展性。Hadoop 能够方便地在集群中添加或删除节点，实现存储和计算能力的水平扩展。这使得 Hadoop 能够处理 PB 级别的数据。

（3）高效性。Hadoop 采用并行处理方式，能够同时处理多个数据块，显著提高数据处理的效率。

（4）高容错性。Hadoop 能够自动检测和处理硬件故障，确保任务的顺利执行。同时，它还能够自动将失败的任务重新分配到其他节点上。

（5）低成本。Hadoop 基于开源框架构建，用户无须支付高昂的许可费用。此外，它还可以部署在廉价的硬件上，进一步降低了成本。

2．Hadoop 核心组件

Hadoop 的核心组件主要包括 Hadoop 分布式文件系统（Hadoop Distributed File System，HDFS）和 MapReduce。

（1）HDFS。HDFS 是 Hadoop 的分布式文件系统，用于存储大量数据。HDFS 具有高容错性、高吞吐量和易扩展性等特点，能够处理超大规模数据集。

（2）MapReduce。MapReduce 是 Hadoop 的分布式计算框架，用于处理存储在 HDFS 中的大数据集。MapReduce 将复杂的计算任务拆分成多个小任务，并分发到集群中的各个节点上并行执行。最终，MapReduce 将各个节点的计算结果汇总得到最终结果。

Hadoop 是一个功能强大的分布式系统基础架构，它在大数据处理领域具有广泛的应用前景。通过利用 Hadoop 的分布式存储和计算能力，用户可以轻松地处理和分析超大规模数据集，挖掘数据中的价值。

➡️ 素质拓展

8.1.6 大数据——驱动国家发展与社会进步的新引擎

在当今这个信息爆炸的时代，大数据如同一股不可阻挡的洪流，正以前所未有的速度和规模冲击着社会的每一个角落。它不仅是一种技术现象，更是一种思维方式，一种推动国家发展、社会治理与产业升级的新引擎。大数据以其海量、高速、多样性的特点，为政府决策提供了科学依据。在宏观经济调控、公共政策制定、社会舆情分析等方面，大数据如同透视镜，帮助决策者洞察经济运行的规律，预测社会发展趋势，实现精准施策。通过对海量数据的挖掘与分析，政府能够更准确地把握民众需求，优化资源配置，提高公共服务效率，从而增强国家治理能力和现代化水平。

在产业升级与经济转型中，大数据扮演着至关重要的角色。它促进了传统产业与新兴技术的深度融合，推动了智能制造、智慧城市、精准医疗等新兴业态的发展。企业通过大数据分析，可以深入了解消费者行为，优化产品设计，提升生产效率，实现个性化定制与精准营销。同时，大数据还为创新创业提供了广阔的空间，激发了市场活力，推动了经济结构的优化升级。

在社会治理领域，大数据的应用更是彰显了其巨大价值。它助力构建智能化、精细化的社会治理体系，提高了社会治理的精准度和有效性。通过大数据分析，可以实时监测社会动态，预警潜在风险，及时应对突发事件，保障公共安全。此外，大数据还促进了政府信息的公开透明，增强了公众参与度，提升了社会治理的民主化水平。

面对大数据带来的机遇与挑战，青年一代同样肩负着重要使命。新时代的青年应积极拥抱大数据时代，学习大数据相关知识和技能，培养数据思维和分析能力，将所学知识应用于解决实际问题中，为国家的经济社会发展贡献自己的力量。同时，青年还应关注大数据带来的隐私保护、数据安全等问题，积极参与保护个人网络安全的社会宣传实践，为大数据产业的健康可持续发展做出自己的贡献。

大数据已成为推动国家发展与社会进步的重要力量。新时代的青年既要勇于把握大数据带来的无限机遇，也要敢于面对并克服伴随而来的挑战。青年要以饱满的热情、坚定的信念，以及不断精进的专业技能，为国家的繁荣富强和大数据产业的蓬勃发展贡献出青春与智慧。

🔘 知识测试

1．大数据的 5 个特点分别是什么？
2．大数据技术在哪些领域有广泛应用？
3．你认为大数据技术的未来趋势是什么？

任务 8.2 云计算技术

🔍 任务描述

在这个日新月异的时代洪流中，小琪慢慢发现，自己的生活已被智能化的电子设备全面包围：从个人计算机到数码相机，从智能手机到平板电脑，再到智能冰箱、洗衣机、电视、游戏机、音乐播放器，乃至智能手环、手表、VR 头盔、AR 眼镜等，应有尽有。这些智能设备不仅极大地丰富了小琪的生活体验，更如同涓涓细流，汇聚成了数据的海洋。

在终端服务上，以百度网盘为例，其月活跃用户量高达数千万，而小米与华为的云服务更是拥有全球数亿用户的庞大基数。"小爱同学"这一智能助手，也已迈入月活过亿的大关，每日都有海量数据被上传至云端。

此外，购票体验的提升也让小琪感慨不已。他常用的 12306 平台，作为全球最大的实时交易系统之一，年售票量高达 30 亿张，春运期间更是日发送旅客量达 4.84 亿人次。这一庞大系统的稳健运行，离不开云计算的强有力支撑。12306 通过将大量查询业务部署在阿里云上，成功应对了每日近 900 亿次的访问量，确保了系统的稳定与高效。

悄然间，云计算已深深融入了小琪的生活，成为不可或缺的一部分。那么，云计算技术究竟是何方神圣呢？简而言之，云计算是以互联网为枢纽，为用户提供快速、安全的计算服务和数据存储解决方案。只要接入互联网，便能轻松利用遍布全球的计算资源和数据中心，实现资源的按需分配与高效利用。它不仅颠覆了传统的企业 IT 模式，更在推动着整个社会的数字化转型进程，引领人们迈向一个更加智能、高效的新时代。

💬 相关知识

8.2.1　云计算的产生与发展

在计算机发展史上，早期的计算器起到了重要的作用。而其中最早的计算器便是算盘。算盘可以进行简单的加减乘除运算，使用简单易懂，成为了古代计算的主要工具。随着时间的推移，人们开始尝试制作更加精确和高效的计算器，分别提出了算筹、纳皮尔算筹、机械计算机、差分机、分析机、穿孔卡技术的数据处理机器、图灵机、通用电子计算机、冯·诺依曼（Von Neumann）的现代计算机。经历了漫长的发展和摸索，现代计算机又演变为通用电子计算机、晶体管计算机、集成电路计算机。移动通信、互联网、数据库和分布式计算等技术的发展，先后推动了 20 世纪 60 年代的第一波信息化革命（即计算机革命）、20 世纪 90 年代的第二波信息化革命（即互联网革命）、Web 1.0 时代到 Web 2.0 时代，将计算机广泛应用到业务中。

继 20 世纪 80 年代大型计算机到客户端—服务器的转变之后，1987 年 9 月 14 日，我国发出了第一封电子邮件："越过长城，走向世界"，从此揭开了中国人使用互联网的序幕。数据量呈爆发式增长，由最初 KB 到现在 ZB（1ZB 等于 10 亿 TB），让人们处在一个 IT 变革的时代，移动计算作为一项新兴技术应运而生。各地数据中心的创建，推进云计算的研究进程。

2008 年 2 月 1 日，国际商业机器公司（IBM）宣布在我国无锡太湖新城科教产业园为我国的软件公司建立全球第一个云计算中心。同年 8 月戴尔（Dell）申请了"云计算"商标。2010 年 7 月，美国国家航空航天局和包括 Rackspace、AMD、Intel、Dell 等支持厂商共同宣布"OpenStack"开放源代码计划。之后，Ubuntu 已把 OpenStack 加至 11.04 版本中，重点研制 OpenStack 的网络服务，随后我国的基础设施即服务（Infrastructure as a Service，IaaS）、平台即服务（Platform as a Service，PaaS）、软件即服务（Software as a Service，SaaS）服务市场规模逐渐显示出旺盛的生机。

2010 年以来，云计算方面的相关政策不断。云计算软件行业从"十二五"开始成为国家重点发展任务。2012 年我国发布《科技部关于印发〈中国云科技发展"十二五"专项规划〉的通知》（国科发计〔2012〕907 号），对云计算软件相关技术进行了规划。云计算经历了"十三五"的夯实基础，再到"十四五"时期培育壮大产业的阶段性发展。2021年的"十四五"规划中，数字中国建设被提到新的高度，云计算成为重点发展产业。在各种新兴技术和政策的推动下，云计算的演化和发展也必定在人们的生活中担任更加重要的角色。

总之，从算盘到机械计算器，再到现代计算机的诞生，计算能力不断提升，速度和通用性也得到了显著提升。个人电脑和移动计算机成为生活和工作中不可或缺的工具，云计算使计算机服务更加灵活和便捷。

8.2.2　云计算的定义

美国国家标准与技术研究院定义：云计算是一种模型，它可以实现随时随地、便捷地、随需应变地从可配置计算资源共享池中获取所需的资源（例如网络、服务器、存储、应用、服务），资源能够快速供应并释放，使管理资源的工作量和与服务提供商的交互减小到最低限度。通俗地讲：云计算＝网络＋计算，其中云为网络，计算为算力、CPU、存储（包括功能、资源、储存）。云计算可以理解为通过互联网可以使用足够强大的计算机为用户提供的服务，这种服务的使用量可以使用统一的单位来描述。它并非简单地将计算任务转移到远程服务器上，而是一种基于互联网的计算模式，通过按需分配、弹性扩展的方式，为用户提供包括计算能力、存储、数据库、网络等在内的各种服务。

云计算主要有 IaaS、PaaS、SaaS 3 个服务类型。IaaS 是指云计算服务商为用户提供计算、存储、网络以及各种基本计算资源，用户利用这些资源来部署和运行各种软件，包括操作系统和应用程序。PaaS 是指云计算服务商不仅提供包含 IaaS 的基本计算资源，还提供操作系统、编程语言的运行环境、数据库和 Web 服务器等服务，用户只需部署和运行自己所需的应用程序即可。SaaS 是指用户通过网络向云计算服务商租借软件服务，用于企业经营、数据处理等活动。

8.2.3　云计算的特性

云计算作为一种新兴的计算模式和商业模式，可以根据用户的需求迅速调整资源配置，保障服务的持续稳定运行，具有以下特点：

（1）按需服务。用户可根据自己的需要来购买云计算服务商提供的服务，包括计算、存储、网络等，并按使用量来进行精确计费。

（2）虚拟化。云计算支持用户在任意位置、任意时间使用各种终端设备获取计算服务和资源。

（3）广泛的网络访问。云计算可以同时被多个用户访问并为其提供资源服务。

（4）可拓展。云计算中心可以动态调整资源配额，用户可根据自身实际需求来扩大或缩小云计算规模。

（5）超大规模。云计算规模通常很大，不仅能承载大量用户需求，还能提供强大的计算能力，满足用户在各种场景下的计算需要。

8.2.4　云计算的关键技术

云计算作为支持网络访问的服务，首先少不了网络技术的支持，如 Internet 接入和网络架构等。云计算需要实现以低成本的方式提供高可靠、高可用、规模可伸缩的个性化服务，因此还需要分布式数据存储技术、虚拟化技术、数据管理技术以及安全技术等若干关键技术支持。

🔗 知识拓展

8.2.5 "东数西算"

"东数西算"工程作为国家战略性算力资源调度工程，通过构建数据中心、云计算、大数据一体化的新型算力网络体系，推动算力资源东西部协同联动。其中，"数"指数据资源，"算"代表数据处理能力，云计算作为算力调度核心载体，在该工程中迎来重要发展机遇。

该工程通过引导东部算力需求向西部转移，优化全国数据中心布局，在京津冀、长三角、粤港澳大湾区、成渝及内蒙古、贵州、甘肃、宁夏等8地布局国家算力枢纽节点，并规划建10个国家数据中心集群。截至2024年7月22日，十大集群已建成超146万标准机架的算力规模，整体上架率达62.72%，较早期规划的54万机架实现跨越式发展。在绿色能源使用方面，集群绿电占比显著超过全国平均水平，部分先进数据中心绿电使用率已达80%左右，形成集约高效、低碳环保的算力基础设施体系。

通过算力枢纽节点间的网络通道，西部丰富的可再生能源与低成本算力资源有效支撑东部数据运算需求，既缓解东部土地、能源约束，又为西部数字经济发展注入新动能，实现东西部数字产业优势互补与协同发展。

"东数西算"工程的推进云计算产业。表现在以下几个方面：

一是拉动市场空间持续扩张、优化算力和资源布局的同时，也将带动算力产业链上下游投资，提升算力基础设施水平。

二是推动云服务商降本增效。"东数西算"工程基于基础网络建设叠加数据中心集群的规模优势，有利于降低企业数据中心建设成本和长途传输费用，从而使企业将更多资金用于云服务创新。同时，"东数西算"工程将使西部丰富资源得到高效利用，有利于进一步增加云计算企业利润，降低终端企业投入，加速中小企业上云进程。

三是保障算力资源合理分配。目前，我国仍面临算力供需不够均衡的问题。"东数西算"工程将东部密集的算力需求有序引导到西部，实现了算力资源的合理分配，使供需更加均衡。"东数西算"工程预计每年将撬动千亿元投资，助力西部地区企业上云和政府数字化水平提升。同时，"东数西算"工程8个国家算力枢纽节点既能承接东部算力需求，又能就近消纳西部地区算力供给能力，有利于加快实现云网协同，助力终端企业享受更为便捷、易用的算力服务。

四是加速产业布局调整。近两年，我国云计算市场集中度不断降低，运营商云计算异军突起。当前运营商云计算收入正快速增长，行业竞争力和地位显著提升，其云计算业务收入增速显著领先于互联网云厂商。这主要由于运营商贴近目前发展势头旺盛的垂直行业，属地化管理特征有利于实现云资源的快速下沉和就近部署。同时，在"东数西算"工程中，运营商既是算力基础设施和骨干传输网络的建设者，又是下游云计算服务的提供商，这为运营商云计算业务发展提供了重要契机。

➡️ 素质拓展

8.2.6　云计算：开启国家新纪元与社会转型的新钥匙

云计算凭借其灵活高效、资源共享、按需付费的特性，为政府决策与公共服务提供了强有力的支撑。在智慧政务、城市管理、环境保护等领域，云计算如同一个智能中枢，助力政府快速整合、分析海量数据，实现决策的科学化与精准化。它让政府服务更加便捷高效，降低了运营成本，加速了数字化转型的步伐，为构建现代化治理体系奠定了坚实基础。它打破了传统 IT 架构的局限，推动了云计算与各行各业的深度融合，催生了云计算＋教育、云计算＋医疗、云计算＋零售等一系列新兴业态。企业通过云计算平台，可以轻松实现资源的动态调配与高效利用，加速产品创新与市场拓展，提升竞争力与盈利能力。

在教育领域，云计算的引入为教育资源的均衡分配与个性化学习提供了全新的解决方案。通过云计算平台，优质的教育资源可以跨越地域限制，实现全国乃至全球的共享。学生可以根据自己的学习进度和兴趣，随时随地访问到丰富多样的学习材料，享受个性化的学习体验。同时，云计算还支持在线教育、远程教学等新型教育模式，为教育公平与普及提供了有力支持。在云计算的助力下，教育领域正迎来一场深刻的变革，为培养更多具有创新精神和实践能力的人才奠定了坚实基础。

云计算作为新一代信息技术的代表，正在各个领域发挥着越来越重要的作用。它不仅推动了国家经济社会的发展与转型，还为人们的生活带来了诸多便利与福祉。而作为新时代的年轻人，应紧跟云计算技术的发展步伐，积极拥抱云计算时代，深入学习云计算相关知识与技能，培养云计算思维与创新能力，不仅要做技术的掌握者，更要做创新的推动者、社会责任的担当者，为国家的现代化建设和社会进步贡献青春力量。

知识测试

1. 请列举 3 个云计算在日常生活中的应用场景。
2. 请说明云计算在社交网络中的应用，特别是如何提升用户体验。

任务 8.3　人工智能技术

任务描述

当小琪踏入大学校园时，发现这里不仅是一个学术的殿堂，还融合了先进的人工智能技术，提升了校园生活的便捷性和效率。从早晨的个性化学习推荐，到晚上的智能安保系统，AI 技术正逐步改变着人们的学习方式和生活方式。

1. 早晨：个性化的学习辅助

清晨，当小琪醒来时，个人学习助手已经根据自己的学习进度和偏好准备好了今天的课程安排。还会根据昨晚的学习表现，推送一些复习题或新的知识点，帮助小琪巩固知识。

2. 上午：智能化的教学支持

在课堂上，智能黑板可以根据教师的讲课内容自动调整显示内容，并且能够记录课堂的重点，方便小琪课后复习。同时，智能助教系统会根据小琪的反馈和表现，为教师提供教学建议，以优化教学效果。

3. 下午：智能资源与安全管理

午餐后，当小琪计划去图书馆时，智能预约系统已经预订好了一个安静的学习空间。图书馆内部的智能管理系统会根据历史借阅记录，推荐相关的参考书目，并且通过人脸识别技术，快速完成书籍的借阅手续。

4. 晚上：安全与舒适的居住环境

回到宿舍，智能照明系统会根据小琪的偏好自动调整光线强度和颜色，营造出最适合休息的氛围。此外，宿舍的安全系统集成了面部识别和行为分析技术，能够在第一时间发现潜在的安全隐患，并及时通知相关人员处理。

通过小琪在智慧校园度过的一天，我们可以看到人工智能技术是如何深入到校园生活的方方面面，从个性化学习推荐、教学支持到资源管理和安全保障，AI 技术正在改变人们的学习方式和生活方式。本节我们一起深入了解一下人工智能的基本概念、核心技术以及其在日常生活中的广泛应用。

💬 相关知识

8.3.1　人工智能的定义与起源

人工智能（Artificial Intelligence，AI）是指通过计算机和相关技术模拟、扩展和延伸人类智能的学科。它不仅关注如何让机器具备类似人类的感知、理解、学习、推理和决策能力，还致力于构建能够自主执行任务、适应环境变化，甚至具备创造力的智能系统。AI 的实现依赖于计算机科学、数学、控制论、语言学、心理学等多个学科的知识和技术。自其诞生以来，AI 便以其强大的计算能力和智能决策能力，在各个领域展现出巨大的潜力和价值。

人工智能的发展历程大致可以划分为几个重要阶段：

（1）起步期（20 世纪 50—70 年代）。这一时期，人工智能的概念被正式提出，并涌现出一批早期的 AI 程序和系统，如表处理（LISt Processing，LISP）语言、专家系统等。然而，由于技术限制和计算能力的不足，这些系统往往只能在非常有限的领域内发挥作用。

（2）反思期（20 世纪 70 年代末—80 年代）。随着一些 AI 项目的失败和人们对 AI 期望的落空，AI 研究进入了反思阶段。人们开始意识到，仅仅依靠符号处理和逻辑推理难以解决复杂的现实问题，需要探索新的方法和途径。

（3）应用期（20 世纪 90 年代至今）。进入 90 年代后，随着计算机技术的飞速发展，尤其是互联网、大数据、机器学习等技术的兴起，人工智能迎来了新的发展机遇。这一时期，AI 在语音识别、图像识别、自然语言处理等领域取得了重大突破，并逐渐渗透到各行各业中。

8.3.2　人工智能的组成要素

人工智能的组成要素

人工智能是一个复杂的系统工程，其工作流程涉及多个层级的合作，通过 4 个层级的协作可以让人工智能实现从原始数据到智能决策的转变，下面通过对每一层的详细介绍，帮助大家理解 AI 系统是如何从底层数据到顶层应用一步步运作起来的。详细内容请扫码阅读。

8.3.3　人工智能的分类

人工智能是一个庞大且不断发展的领域，涵盖了多个分支和分类。而弱人工智能和强人工智能是其中两种主要的分类方式，它们在能力、应用范围和实现难度等方面存在显著差异。

弱人工智能（Weak Artificial Intelligence），也称为限制领域人工智能或者应用型人工智能，通常指的是专注于完成特定任务的智能系统。这类 AI 通常使用单一方向定制的学习模型，被设计用来执行单一或一组相关的功能，如语音识别、图像识别、翻译等，并且它在这些领域可以表现出与人类相当甚至超越人类的能力。弱人工智能不具备普遍智能，不能理解或学习它们被编程之外的任务。因此弱人工智能更多被认为是人类的工具。

强人工智能又称完全人工智能，指可以完全胜任人类所有工作的人工智能，弱人工智能只能处理单一领域问题，而强人工智能可以像人类一样处理遇到的所有问题，能自主控制自己的行为，但目前世界上并不存在强人工智能，关于强人工智能的使用和发展目前还处于理论阶段。强人工智能的特点包括但不限于认知能力——与人类类似的感知、理解、推理、学习、交流等能力。自主性——能够独立设定目标并采取行动来实现这些目标。适应性——面对新情况时，能够调整自己的行为以适应变化。创造性——能够进行创新思维，提出新的想法或解决方案。

强人工智能目前还存在许多社会以及伦理问题，比如人工智能是否会导致信息的泄露，AI 系统若出错，它的责任归属问题。诸如此类的问题还包括 AI 的算法是否存在偏见，AI 的广泛应用是否会增加网络安全攻击的危险等，因此还需要运用法律、政策和技术，来加强 AI 伦理的研究和教育，以及建立有效的监管机制来确保技术的健康发展。

8.3.4　人工智能的应用案例

智能时代：AI 如何改变
我们的生活

人工智能技术的广泛应用正在深刻地改变着人们的世界。从智能生活到智慧城市，从智能制造到医疗健康，再到金融科技，AI 的应用场景日益丰富和多元。

1．智能生活

在智能生活领域，AI 技术正逐步渗透到人们的日常生活中。智能家居系统通过物联网和 AI 技术实现家居设备的互联互通和智能控制，使得家庭生活更加便捷和舒适。智能音箱和虚拟助手等智能设备则成为人们日常生活中的得力助手提供信息查询、娱乐休闲、智能家居控制等多种服务。此外 AI 技术还在健康管理、教育娱乐等领域发挥着重要作用，为人们的生活带来了更多便利和乐趣。

2．智慧城市

智慧城市是 AI 应用的另一个重要领域。通过大数据分析和 AI 算法优化城市管理流程和服务模式，智慧城市能够提升城市管理效率和服务质量。智能交通系统能够实时监测交通状况、优化交通信号控制，减少交通拥堵和事故；智能安防系统能够实现全天候、全方位的监控和预警功能保障城市安全；智能环保系统能够通过数据分析和预测来优化资源配置，减少污染排放，提升环境质量。这些应用不仅提高了城市的运行效率，也增强了城市的可持续发展能力。

3．智能制造

智能制造是 AI 技术与制造业深度融合的产物。通过引入 AI 技术，制造业能够实现生产过程的自动化、智能化和柔性化。智能工厂利用物联网、大数据和 AI 技术实现生产设备的互联互通和智能调度提高了生产效率和产品质量；智能机器人能够执行高精度、高强度的生产任务降低了人力成本；预测性维护技术能够提前发现设备故障，并进行预防性维护，减少了停机时间和维修成本。这些应用不仅推动了制造业的转型升级，也提升了全球产业链的竞争力。

4．医疗健康

在医疗健康领域，AI 技术的应用正逐步改变着传统的医疗模式。通过大数据分析和机器学习算法，AI 能够辅助医生进行疾病诊断、制订治疗方案和预测疾病发展趋势，提高了医疗服务的精准性和效率。智能医疗机器人能够执行高精度、高难度的手术操作，降低了手术风险和患者痛苦；智能药物研发系统能够缩短药物研发周期，降低研发成本，并提高药物疗效；远程医疗系统能够让患者在家中享受到高质量的医疗服务，缓解了医疗资源紧张的问题。这些应用不仅提高了医疗服务的可及性和质量，也推动了医疗行业的创新发展。

5．金融科技

在金融科技领域，AI 技术的应用同样广泛而深入。通过大数据分析和机器学习算法，

AI能够实现对金融风险的实时监测和预警，提高了金融系统的稳定性和安全性；智能投顾系统能够根据用户的投资偏好和风险承受能力提供个性化的投资建议，帮助用户实现财富增值；智能风控系统能够实现对金融欺诈行为的快速识别和有效防范，保障了金融市场的健康发展；区块链技术与AI的结合有望推动金融行业的数字化转型和升级打造更加安全、高效、透明的金融生态系统。

🔗 知识拓展

8.3.5　盘古大模型

盘古大模型是华为云推出的一款面向行业的大型人工智能模型系列，旨在解决特定行业内的专业问题。该模型系列的设计理念是"不作诗，只做事"，这意味着它专注于提供实用解决方案而非娱乐内容创造。盘古大模型自从2021年首次亮相以来，持续进化，并在多个行业内展现出了强大的应用潜力。

（1）技术特性。盘古大模型的核心优势在于其强大的计算能力和广泛的适用性。它采用了Transformer架构，并根据不同的应用场景进行了定制化调整。例如，盘古气象大模型利用Transformer架构的强大处理能力，结合历史气象数据，能够在短时间内提供准确的长期天气预报，极大地提高了气象预测的速度和精度。

（2）行业应用。盘古大模型的应用范围广泛，涵盖了从制造业、医疗保健、金融服务到公共管理等多个领域。例如，在矿山行业中，盘古矿山大模型已经在全国多个矿井中部署，覆盖了煤矿开采、机械运输等流程中的上千个细分场景，提高了安全生产水平并减少了人力需求。在铁路行业中，盘古铁路大模型能够帮助检测员快速识别车辆故障，显著降低了检测时间和工作强度。

（3）气象预报。在气象预报方面，盘古气象大模型表现尤为突出。传统气象预报依赖于复杂的数学模型和大量计算资源，而盘古气象大模型则能够通过单服务器在几秒钟内生成未来天气预报，其预测精度与传统方法相当甚至更优。此外，盘古气象大模型还能用于预测台风路径等极端天气事件，帮助相关机构提前做好防范措施。

（4）制造行业。在制造行业，盘古制造大模型被集成到了华为自身的生产线中，帮助企业在产品研发、生产和供应链管理等方面实现了效率提升。例如，在器件分配计划制订过程中，盘古大模型可以将自然语言转化为数学模型，并在短时间内求解出全局最优方案。

（5）医疗健康。在医疗健康领域，盘古药物分子大模型通过与科研机构的合作，加速了新药研发进程。它通过对海量分子结构的预训练，生成了含有大量潜在药物成分的数据库，从而大大缩短了药物研发周期，并降低了研发成本。

（6）政务服务。对于政务服务而言，盘古政务大模型为政府机构提供了更加智能的服务工具。在深圳福田区推出的基于盘古政务大模型的"小福"助手就是一个典型例子，它能够提供包括对话、问答、文案生成在内的多种服务，推动了数字政府的建设。

在未来，我国的人工智能大模型将深入各行各业，呈现出百花齐放的局面。这一趋势不仅反映了技术的进步，也体现了人工智能在推动产业升级、提升社会效率方面的重要作用。随着技术的不断革新与发展，人工智能大模型的应用已经从最初的理论探索，逐步转变为实际落地的产业实践，其影响范围也从单一领域扩展至多元化的行业应用。我国各行各业都将迎来前所未有的发展机遇。人工智能大模型的应用不仅能够推动传统产业的转型升级，还将催生出一批新兴业态，为我国经济高质量发展注入强劲动力。在这个过程中，跨界融合将成为常态，各类主体将在开放合作的基础上共同探索人工智能技术的无限可能，最终实现社会整体效益的最大化。

🔜 素质拓展

8.3.5　人工智能——机遇与挑战并存的智能时代

在快速变化的 21 世纪，人工智能不仅是一项前沿技术，更是一种推动社会进步和经济发展的关键力量。人工智能如同一股不可小觑的洪流，正以惊人的速度和广度席卷全球，深刻重塑着社会的每一个角落。它不仅是科技进步的象征，更是推动社会变革、引领国家飞跃、促进产业升级与创新治理的重要驱动力。人工智能凭借其高度的智能化、强大的自适应能力和卓越的高效性能，为政府决策提供了前所未有的智慧支持。

在国家发展层面，人工智能以其强大的数据处理、模式识别与自我学习能力，为政府决策提供了前所未有的智能支持。从宏观经济预测到政策效果评估，从社会情绪监测到公共安全维护，人工智能如同一位智慧的助手，助力政府更加精准高效地治理国家。在企业方面，企业通过人工智能技术，实现了生产流程的自动化、智能化，提高了生产效率与产品质量。

但另一方面，人工智能的快速发展也伴随着一系列不容忽视的挑战与风险。随着技术的日益成熟，部分传统行业可能面临被颠覆的风险，导致大量岗位流失，给社会稳定带来压力。同时，人工智能算法的决策过程往往缺乏透明度，可能产生不公平或歧视性的结果，损害社会公正与信任。此外，数据安全与隐私保护也成为 AI 时代亟待解决的问题。一旦 AI 系统遭受攻击或数据泄露，将对个人、企业乃至国家安全构成严重威胁。

对于个人来说，过度依赖人工智能工具的智能决策，可能导致人们的思维能力和创造力逐渐减弱。大家可能不再愿意主动思考问题，而是直接寻求人工智能给出的答案，从而失去了锻炼思维的机会和主动思考的能力。不仅如此，过度使用人工智能可能会削弱人们的自主学习能力，人们可能不再愿意主动探索新知识，而是依赖人工智能提供的现成答案，同时也会而忽视了与他人之间的社交互动，从而影响其社交和沟通能力的发展。

因此，在享受人工智能带来的便捷与高效时，人们必须保持清醒的头脑，正视其带来的挑战与风险。作为新时代的参与者与见证者，人们应积极学习人工智能知识，提升自身的技术素养与创新能力，以更好地应对人工智能时代的机遇与挑战。同时，人们还应加强监管与法规建设，确保人工智能技术的安全、可控与可持续发展，为构建一个更加公平、和谐、智能的社会贡献力量。

🔷 知识测试

1. 数据清洗中人工智能项目中的重要环节，思考其为什么重要？
2. 人工智能在生活中有哪些应用？举一些你身边的例子？

任务 8.4　区块链技术

🔍 任务描述

随着数字时代的到来，信息的安全与透明性成为了社会各界关注的焦点。小琪为帮助困难人员开展了一次国际捐款，不久小琪就发现自己的电子钱包里多了一笔笔来自世界各地的微小捐款，每一笔都附带着一段温暖的祝福语。那么这些捐款是如何跨越国界，准确无误且安全地到达小琪的手中的呢？这背后隐藏着一项革命性的技术——区块链。

区块链，这个听起来既神秘又高科技的词汇，实际上是由一系列按照时间顺序排列的数据块组成的链式结构。它像是一本全球共享的、不可篡改的电子账本，记录着每一笔交易信息。在这个账本上，无论是资金转移、合同签订，还是身份验证，都能以去中心化、高效且安全的方式完成。

在这个情景中，那些来自世界各地的捐款，正是通过区块链技术，实现了跨越地域、即时到账且手续费低廉的转账过程。同时，每一笔捐款的信息都被永久记录在区块链上，确保了交易的透明性和可追溯性。

区块链的应用远不止于此，从金融、物流到医疗、教育，它正逐步渗透到我们生活的方方面面，改变着世界的运作方式。接下来，就让我们一起深入探索区块链的奥秘，揭开它神秘的面纱吧！

💬 相关知识

8.4.1　区块链技术的定义与起源

区块链的英文全称为 Blockchain，顾名思义，是由区块（Block）和链（Chain）两部分组成的一种新型分布式基础架构与计算范式。从广义上讲，区块链技术利用块链式数据结构来验证与存储数据，通过分布式节点共识算法来生成和更新数据，采用密码学方式保证数据传输和访问的安全，同时支持智能合约进行编程和操作数据。具体来说，区块链是一个去中心化的分布式账本数据库，它由多个节点（计算机）组成，每个节点都保存着相同的数据记录。这些数据记录被称为区块，每个区块都包含了一批交易信息，并通过密码学技术连接成一个不断增长的链条。这种结构使得区块链具有不可篡改、全程留痕、可追溯、公开透明和集体维护等特性。

区块链的起源可以追溯到 2008 年，当时一位化名为中本聪（Satoshi Nakamoto）的神秘人物发布了一篇名为《比特币：一种点对点的电子现金系统》的白皮书。这篇白皮书详细描述了基于区块链的去中心化电子现金系统，标志着比特币和区块链技术的诞生。两个月后，即 2009 年 1 月 3 日，比特币网络正式上线，第一个区块（创世区块）诞生，这被视为区块链技术的实际起点。

区块链的发展可分为以下阶段：

1．技术实验与小众阶段（2009—2013 年）

在这个阶段，区块链技术主要被技术极客和加密货币爱好者使用，处于技术实验和小范围应用阶段。比特币开始进入市场，并逐渐吸引了一些投机者和投资者的关注。

2．市场关注与爆发阶段（2013—2018 年）

随着比特币价格的飙升，区块链技术开始引起主流媒体的广泛关注。越来越多的企业和政府机构开始认识到区块链技术的潜力，并积极探索其应用场景。这个阶段，区块链技术开始被广泛应用于金融、供应链管理、物联网等多个领域。

3．产业落地与成熟阶段（2019 年至今）

在经历了市场的狂热之后，区块链技术开始回归理性，并逐渐落地到实际产业中。越来越多的企业开始探索区块链技术的应用场景，并推动其在各行业的普及和发展。随着技术的不断成熟和应用场景的不断拓展，区块链技术正逐渐走向产业成熟阶段。

8.4.2　区块链的基本架构

区块链技术的主要特点包括去中心化、透明性、不可篡改性和安全性。去中心化意味着没有中央机构控制区块链网络，所有节点都是平等的；透明性使得所有交易记录都是公开可见的；不可篡改性保证了数据一旦写入区块链就无法被修改；安全性则通过密码学技术确保交易和数据的安全。区块链的基础架构可以分为 6 个层级，这些层级自下而上依次为数据层、网络层、共识层、激励层、合约层和应用层。每个层级都有其独特的功能和重要性，共同构成了一个完整的区块链系统。详细内容请扫码阅读。

区块链的基本架构

8.4.3　区块链的应用案例

区块链技术作为一种分布式账本技术，通过加密和安全验证机制，允许网络中的多个参与者之间进行可信的、不可篡改的交易和数据的记录与传输。其应用范围广泛，涵盖了金融、供应链管理、智能合约、身份验证和隐私保护、金融服务、房地产交易、医疗健康、版权和知识产权保护、选举和投票等多个领域。

区块之秘：重塑信任
与价值的技术

1．金融领域

（1）支付结算。区块链可以显著降低跨境支付的成本和时间。传统跨境支付流程烦琐，涉及多个中介机构，不仅耗时长，而且费用高昂。而区块链技术的引入，通过去中心化的账本记录和加密货币的使用，极大地简化了支付流程，降低了交易成本，缩短了处理时间。以 Ripple 为例，它利用区块链技术构建了一个全球性的支付网络，使得国际转账能够实时完成，且费用远低于传统银行转账。这种高效、低成本的跨境支付解决方案，对于促进全球经济一体化、加速资金流动具有重要意义。

（2）数字货币。数字货币作为区块链技术的最初和标志性应用，以比特币为代表，展示了去中心化金融的巨大潜力。比特币通过加密算法和分布式账本技术，实现了无须依赖中央机构的货币发行和交易验证，为全球用户提供了一个自由、安全、透明的价值转移工具。以太坊等后续发展的数字货币及智能合约平台，则进一步扩展了区块链的应用边界，使得金融交易、资产管理、借贷等复杂金融活动都能在链上以编程化的方式自动执行，大大提高了金融服务的效率和安全性。

（3）智能合约。智能合约是区块链在金融领域的又一重要创新，它是允许在没有第三方介入的情况下，自动执行、控制或文档化法律事件和行动的计算机程序。这些合约一旦部署在区块链上，便不可篡改，确保了合约执行的公正性和可信度。在保险行业，智能合约可以自动处理索赔流程，当预设条件满足时立即触发赔付，减少了人为干预和欺诈风险。在金融衍生品市场，智能合约能够实现自动化的资产管理和风险对冲，提高市场效率和透明度。

2．供应链管理

（1）商品溯源。通过区块链，可以追踪商品从生产到交付的每一个步骤，增加透明度和效率。京东在 2016 年就在供应链中应用了区块链技术，将商品的生产、流通、销售过程中的信息都写进了区块链中，数据不能篡改的特性保证了所有信息的可信性，也避免了个人购买信息的泄露。

（2）防伪验证。区块链可以用于验证产品的真伪，如珠宝、奢侈品和药品等。通过在区块链上记录每个产品的生产和交易信息，防止伪造和欺诈。

3．医疗健康

（1）医疗记录管理。在医疗记录管理方面，区块链的分布式存储和加密特性，确保了患者数据的安全性和隐私保护，同时促进了不同医疗机构之间的信息共享，提高了诊疗效率和患者体验。利用区块链技术可以整合并保护患者的医疗记录，使得患者在就医时无须重复提供病史资料，医生也能快速获取全面的患者信息，做出更准确的诊断。

（2）药品溯源。药品溯源方面，区块链技术能够确保药品从生产到使用的每一个环节都被准确记录，有效防止了假药流通，保障了公众健康。通过区块链，监管部门可以实时监控药品流向，及时发现并处理潜在的安全问题，提升了药品监管的效率和精准度。

4．版权保护

（1）数字内容保护。区块链可以用于保护数字内容的版权和创作者的权益。区块链技术为数字内容的创作者提供了一个公平、透明的收益分配机制。Audius（一个创新的、去中心化的音乐分享协议）利用区块链技术直接连接音乐创作者与听众，绕过了传统音乐产业的中间环节，确保了创作者能够获得应得的版权收入。

（2）知识产权管理。区块链上的时间戳和不可篡改性，为创作作品的原创性和版权信息提供了强有力的法律证据，有效减少了版权纠纷，保护了创作者的合法权益。

5．政府服务

（1）公共信息存储和共享。区块链技术的应用同样展现出巨大的潜力。在公共信息存储和共享上，区块链能够实现政务数据的分布式管理，提高数据的安全性和可用性，促进政府部门之间的信息共享，提升政务服务效率。区块链技术可以提高政务效率和透明度。

（2）电子投票。区块链的加密和去中心化特性使得其可以用于创建安全和透明的电子投票系统，确保了投票过程的安全性、透明度、不可篡改性，防止了选举舞弊，增强了公众对选举结果的信任。

区块链技术还在物联网、社交媒体、游戏等多个领域展现出应用潜力。随着技术的不断成熟和普及，预计区块链将在更多领域得到应用，为社会带来更多的便利和信任。区块链技术以其独特的优势在多个领域发挥着重要作用，推动了数字经济和智能社会的建设。同时，随着技术的不断演进和创新，区块链技术将更加注重隐私保护、安全性和合规性等方面的发展，以确保其应用的合法性和安全性。

🔗 知识拓展

8.4.4 区块链的"小奖励"

基于共识算力的经济激励是区块链具有的创新点之一，经济激励是通过特定的机制，如发行新的数字货币或提供交易手续费奖励，来鼓励节点参与区块链网络的维护和数据验证。这种激励机制是区块链去中心化特性的重要保障，它使得节点在追求个人利益的同时，也为整个系统的安全和稳定作出贡献。

1．共识算力与经济激励

共识算力是指区块链网络中的节点通过计算资源（如 CPU、GPU、ASIC 等）参与共识过程的能力。在区块链中，共识机制是确保所有节点就交易顺序和状态达成一致的关键。而基于共识算力的经济激励则是通过奖励那些在共识过程中作出贡献的节点，来鼓励更多的节点参与到区块链网络中来。

以工作量证明（Proof of Work，PoW）共识机制为例，节点需要消耗大量的算力来解决复杂的数学难题，从而有机会获得新区块的记账权并获得相应的数字货币奖励。这种机制使得算力成为了一种稀缺资源，而拥有更多算力的节点在共识过程中具有更高的竞争力。

2．经济激励的具体实现

在区块链中，经济激励通常包括两部分：

（1）新币发行奖励。对于采用 PoW 共识机制的区块链（如比特币），新区块的创建者（即"矿工"）会获得一定数量的新发行的数字货币作为奖励。这种奖励机制是区块链网络早期吸引节点参与的重要动力。

（2）交易手续费奖励。随着区块链网络的发展，新币发行奖励可能会逐渐减少甚至消失（如比特币的减半机制）。此时，交易手续费将成为节点参与共识过程的主要经济激励。用户在进行交易时，需要支付一定的手续费给矿工，以换取交易的快速处理。矿工则会根据手续费的多少来选择优先处理哪些交易。

3．经济激励的作用与意义

基于共识算力的经济激励在区块链中具有重大意义：

（1）促进网络安全。经济激励鼓励节点参与到区块链网络的维护和数据验证中来，从而增加了攻击者篡改区块链数据的难度和成本。

（2）维护网络稳定。通过奖励在共识过程中做出贡献的节点，经济激励有助于保持区块链网络的稳定性和可靠性。

（3）推动技术发展。经济激励也促进了区块链技术的发展和创新。为了获得更高的奖励，节点需要不断提高自己的算力和技术水平，这推动了区块链硬件和软件的不断进步。

➡️ 素质拓展

8.4.5　区块链为我们的数据安全保驾护航

在没有区块链技术的时代，数据的真实性与可信度面临着巨大的挑战。传统数据存储方式往往依赖于中心化的服务器或数据库，这使得数据易于被篡改、删除或伪造，且一旦数据遭到破坏，往往难以追溯和恢复。在这种情况下，无论是企业间的商业合作，还是个人间的信息交流，都可能因为数据的不可信而陷入困境，导致信任危机频发，社会交易成本高昂。

然而，区块链技术的出现，为数据安全带来了革命性的改变。区块链通过分布式账本、加密算法和共识机制等技术手段，确保了数据的不可篡改性、透明性和可追溯性。在区块链上，每一笔数据交易都被记录在无数个节点上，任何试图篡改数据的行为都会被立即发现并拒绝，从而保证了数据的真实性和完整性。这使得区块链在数据安全领域具有极高的应用价值，无论是金融交易、供应链管理，还是医疗健康、版权保护等领域，都能通过区块链技术实现数据的可信传输和存储。

面对日益复杂的网络环境，学生作为网络用户的主要群体之一，也应不断提高自身的防诈骗能力，以更好地适应数字化时代的发展。

因此提高防诈骗能力显得尤为重要。首先，学生应增强信息安全意识，了解常见的网络诈骗手段和防范措施。其次，要学会保护个人信息，不轻易泄露身份证号、银行卡号等敏感信息。在进行网络交易时，应选择正规、可信的平台，并留意交易过程中的安全提示。此外，学生还应学会使用加密技术，如为重要文件设置密码，以保护个人数据的安全。最重要的是，要保持警惕，对于任何看似诱人的信息或请求，都要进行仔细甄别，避免陷入诈骗陷阱。

💧 知识测试

1．区块链中的"共识机制"是什么？

2．区块链技术有哪些主要应用场景？

3．区块链技术的主要特点是什么？

任务 8.5　物联网技术

任务描述

小琪在校园里见识到了人工智能的妙用，但是他也发现了，人工智能的使用也离不开智慧校园里安装的各种智能设备和技术，它们共同构成了一个庞大的物联网系统，配合着人工智能一起提升着校园生活的便捷性和安全性。

1．早晨：智能起床与健康监测

清晨，当小琪的智能手环检测到他已经进入浅睡眠状态时，它会通过蓝牙信号启动床头的智能闹钟，用柔和的音乐唤醒小琪。与此同时，健康监测系统分析了夜间的心率、血压等数据，并将这些信息同步到了手机 App 上，供小琪随时查看自己的健康状况。

2．上午：自动化学习环境

通过智慧手环，走进教室，小琪发现这里的每一张桌子都配备了无线充电板，可以方便地为智能手机或平板电脑进行充电。教室内的温度、湿度和光照条件都被自动调节到最适宜学习的状态，这一切都得益于安装在教室各个角落的传感器和智能控制系统。

3．下午：智能安全与资产管理

午餐后，小琪准备去图书馆查阅资料。当进入图书馆时，门禁系统识别了小琪的校园卡，并记录了进出时间。在图书馆内，小琪使用了一个智能书签，这个小小的设备可以帮助标记书籍的位置，同时也能提醒图书管理员哪些书籍被频繁借阅，需要补充库存。

4．晚上：节能环保的生活区

回到宿舍，小琪发现宿舍的灯光可以根据室内外光线的变化自动调节亮度，而空调系统则根据室温自动调整工作状态，这一切都是为了创造一个舒适且节能的生活环境。此外，宿舍的安全系统也会在夜间自动启动，确保每位同学的安全。

通过小琪在这样一个智慧校园的一天，我们可以看到物联网技术是如何深入到校园生活的方方面面，从健康管理、教学支持到安全保障，物联网技术正在改变人们的学习方式和生活方式。本节将带你深入了解物联网的基本概念、核心技术以及其在日常生活中的广泛应用。

相关知识

8.5.1　物联网概述

物联网（Internet of Things，IoT）是指通过互联网将各种物理设备连接起来，使这些设备能够互相通信并交换数据的技术体系。物联网的核心理念是实现"万物互联"，即让日常生活中的一切物品都能够通过互联网连接起来，从而实现智能化管理和服务。

物联网是一个相对较新的概念，但它的发展历程却贯穿了数十年的技术进步和社会变迁。以下是物联网从概念提出到现今广泛应用的详细历程。

1．概念起源

（1）20 世纪 70 年代。尽管物联网这一术语尚未出现，但其前身技术已经开始萌芽。

例如，帕洛阿尔托研究中心（Xerox PARC）末开发了一种能够通过网络连接的打印机，这被认为是最早的联网设备之一。

（2）20 世纪 90 年代初。射频识别（Radio Frequency Identification，RFID）技术开始被广泛研究和应用。RFID 标签可以存储信息并通过无线电波读取，为后来的物联网设备打下了基础。1999 年，凯文·阿什顿（Kevin Ashton），一位在宝洁公司（Procter & Gamble）工作的工程师，在推广 RFID 技术时首次提出了"物联网"这一术语。他设想了一个世界，其中所有物品都可以通过互联网相互连接，从而实现更高效的供应链管理。

2．技术基础

21 世纪初。随着互联网的普及和技术的进步，物联网开始有了实质性的进展。传感器技术、无线通信技术、嵌入式系统等领域的突破为物联网的发展奠定了基础。

（1）传感器技术。小型化、低成本的传感器逐渐普及，可以监测温度、湿度、光照等多种环境参数。

（2）无线通信技术。Wi-Fi、蓝牙、Zigbee 等短距离无线通信技术的成熟，使得设备之间的连接变得更加便捷。

（3）嵌入式系统。微处理器和微控制器的广泛应用，使得设备具备了计算和通信的能力。

2005 年，国际电信联盟发布了名为 *The Internet of Things* 的报告，正式将物联网作为一个重要的技术趋势提出来。这份报告强调了物联网在提高生活质量、促进经济发展等方面的巨大潜力。

3．快速发展

（1）2008 年，全球范围内，互联网连接的设备数量首次超过了人类人口总数，标志着物联网时代的到来。

（2）2010 年，物联网的概念被广泛接受，我国将物联网列为战略性新兴产业之一，标志着物联网进入快速发展阶段。

（3）2012 年，随着智能手机和平板电脑的普及，人们开始更多地接触到物联网产品和服务，如智能家居、可穿戴设备等。

（4）2015 年，全球范围内，物联网的应用场景不断扩展，涵盖了智慧城市、工业自动化、健康医疗等多个领域。

4．当今现状

2020 年至今，随着 5G 网络的商用，物联网技术迎来了新的发展机遇。高速、低延迟的特性使得物联网的应用更加广泛，如远程医疗、自动驾驶等。预计物联网将进一步渗透到生活的各个方面，从智能家居到智慧城市，从工业 4.0 到智能医疗，物联网将在这些领域发挥更大的作用。

8.5.2　物联网的组成要素

物联网是一个复杂的生态系统，由多个层次和多种技术构成。为了更好地理解物联网的工作原理，需要从不同的层面来看待其组成要素。详细内容请扫码阅读。

物联网的组成要素

8.5.3　物联网的应用案例

物联网技术已经在人们的日常生活中扮演着越来越重要的角色，从家庭到城市，从工厂到农田，都在经历着由物联网带来的变革。下面将通过几个具体的例子来展示物联网是如何改善人们的生活的。从家庭到城市，从农田到工厂，物联网技术正在重塑每一个生活与生产场景，而国产操作系统银河麒麟的加入，不仅加速了这一进程，更让我国在物联网核心技术领域拥有了自主话语权。

智能家居是物联网技术在日常生活中的典型应用。通过将各种家用设备连接起来，智能家居让人们能够更轻松地控制家里的物品，让生活变得更方便、更舒适。

（1）智能家电。想象一下，你可以在不离开沙发的情况下，通过手机或说话的方式控制家里的设备，是不是很酷？

1）智能灯泡：用户不再需要起身去开关灯。只需通过手机上的应用或者对智能音箱说一声，比如"*****，关灯"，灯就会自动熄灭。而且，还可以调节灯光的颜色和亮度，让家里更有氛围。背后的原理很简单：智能灯泡内置了 Wi-Fi 模块，可以接收来自手机或智能音箱的指令，并根据这些指令改变状态。

2）智能插座：有了智能插座，就可以远程控制任何插电的设备。比如，可以在下班路上通过手机打开空调，这样回到家时屋子里就已经凉快了。智能插座的工作原理是通过 Wi-Fi 连接到家庭网络，然后通过手机应用发送指令来控制插座的开关状态。

3）智能安防系统：装上智能门锁和摄像头后，即使人不在家，也能随时查看家里的情况。如果有陌生人试图闯入，系统会立即给屋主发消息报警。智能门锁和摄像头通过 Wi-Fi 或移动网络与手机相连，当检测到异常时，会自动发送警报信息。

（2）智能家居平台与生态。智能家居的另一个优点是可以把所有设备整合到一个平台上，这样就更容易管理和控制了。

1）统一控制平台：很多智能家居设备都可以通过一个中心平台来控制，比如 Google Home 或 Apple HomeKit。这意味着可以用一个应用来控制所有的设备，比如用语音命令同时关闭所有灯光。这些平台就像是一个"指挥中心"，可以把所有的智能设备连接起来，让用户可以通过一个界面控制它们。

2）生态系统：随着越来越多的设备支持物联网，它们之间的配合也越来越好。用户可以设置一些自动化场景，比如"离家模式"。在这个模式下，所有灯会自动关闭，空调也会停止运行，安防系统会被激活。这些自动化场景通常是通过智能家居平台上的软件来设置的，用户只需要选择哪些设备在特定情况下应该执行什么样的动作。

通过这些智能家居设备和技术，人们不仅可以让生活变得更加便捷，还能提高安全性，节省能源。想象一下，早上醒来，窗帘自动拉开，咖啡机开始冲泡咖啡，这样的早晨是不是特别美好？

（3）实现过程设备连接。首先需要购买支持 Wi-Fi 或蓝牙等无线连接技术的智能设备，将这些设备安装在家中的相应位置，并通过手机应用进行配置，确保它们能够接入家庭网络。然后选择一个统一的智能家居平台（如 Google Home 或 Apple HomeKit），并将所有设备添加到该平台上。接下来在平台上设置自动化场景，比如离家模式、回家模式等，通过手机应用或语音助手控制所有设备，享受智能家居带来的便利。通过这些步骤，就可以实现一个基本的智能家居系统，让生活更加智能和舒适。

麒麟之翼助力我们翱翔
物联网世界

🔗 知识拓展

8.5.4 "萝卜快跑"

想象一下，你坐在一辆没有司机的汽车里，它自己就能找到路，安全地把你送到目的地。这听起来像科幻电影里的场景，但实际上，这种技术正在逐步变为现实。这就是我们今天要讨论的主题——"萝卜快跑"，它是百度开发的一款自动驾驶出租车服务，背后使用的就是物联网技术。

1．什么是"萝卜快跑"？

"萝卜快跑"是百度 Apollo 推出的一种自动驾驶服务。简单来说，就是让汽车自己学会开车，不需要人来控制方向盘或踏板。这些车能够自己判断路况，避开障碍物，甚至还能识别红绿灯。

2．"萝卜快跑"背后的物联网技术

为了让汽车能够自己驾驶，需要用到很多高科技。下面就来看看这些技术都是怎么工作的。

（1）眼睛和耳朵：传感器。就像人需要眼睛来看东西，耳朵来听声音一样，自动驾驶汽车也有自己的"眼睛"和"耳朵"。这些设备包括摄像头（用来"看"道路）、雷达（用来"听"前方是否有障碍物）和激光雷达（可以更精确地测量距离）。这些设备会把看到和听到的信息发送给汽车的"大脑"。

（2）大脑：计算机。所有的信息都汇集到了汽车的"大脑"——一台超级计算机。这台计算机非常聪明，它可以分析所有收到的信息，然后告诉汽车应该怎么做，比如是该减速还是加速，往左转还是往右转。

（3）通讯：车联网（Vehicle to Everything，V2X）。汽车还可以和其他汽车或者路边的设备"说话"。它们通过一种叫作 V2X 的技术互相交流，这样就可以提前知道前方的交通状况，比如前方是否有事故或者交通灯是否快变红了。

（4）地图：高精度地图。还记得小时候玩的电子游戏吗？游戏中的人物总是在一张地图上移动。自动驾驶汽车也有一张类似的"地图"，这张地图非常详细，几乎能精确到厘米级别。汽车根据这张地图来确定自己的位置和路线。

随着技术的进步，未来的智能交通系统将会更加发达。比如，未来的汽车不仅能自己开，还能自己找停车位；而交通管理部门则可以通过这些联网的汽车来更好地管理城市交通，减少拥堵。这些变化将会使人们的生活变得更加便捷和高效。

❯ 素质拓展

8.5.5　物联网：编织国家新蓝图与社会转型的智慧网络

在当下这个万物互联的时代，物联网如同一张无形的智慧之网，正悄然编织着国家发展的新蓝图，引领社会步入全面转型的新阶段。它超越了单一技术的范畴，成为一种全新的生态体系与战略导向，为国家的智能化建设、社会治理的精细化以及产业的深度融合提供了强大的支撑平台。这不仅是技术的革新，更是国家发展战略的重要组成部分，体现了新时代中国特色社会主义的发展理念和治理体系现代化的要求。

在智慧城市建设与公共服务领域，物联网以其全面感知、可靠传输、智能处理的能力，成为提升城市管理效能、优化公共服务的关键手段。从智能交通、智慧照明到环境监测、公共安全，物联网如同城市的神经末梢，实时采集并处理各类数据，实现城市运行的智能化与自动化。它不仅显著提高了公共服务的效率与质量，还降低了资源消耗，加速了城市智慧化转型的步伐，为构建宜居、可持续的城市环境奠定了坚实基础。

在智慧农业领域，物联网技术也发挥了重要作用。通过物联网技术，农业生产者可以实现农田环境的实时监测、作物生长的精准管理以及农产品的智能追溯。例如，智能灌溉

系统可以根据土壤湿度和作物需水量，自动调整灌溉计划，提高水资源利用效率；智能病虫害监测系统可以及时发现病虫害问题，为防治提供科学依据，减少农药使用，保障农产品安全。智慧农业的发展，不仅提高了农业生产效率和质量，还推动了农业的可持续发展，为乡村振兴和农业现代化建设提供了有力支撑。

在能源领域，物联网技术的应用也取得了显著成效。智能电网通过物联网技术实现电力供应与需求的实时监测和平衡调度，提高了能源利用效率，降低了能源浪费。同时，物联网还可以应用于智能家居系统，实现家庭能源的智能管理，如智能温控系统根据室内外温度自动调节室内温度，既节能又舒适。

目前，物联网已成为编织国家新蓝图与社会转型的智慧网络。它不仅为人们的生活带来了便捷与舒适，更为国家的繁荣富强注入了新的活力与动力。作为新时代的青年，我们应紧跟时代步伐，把握物联网带来的机遇，不断提升自身的综合素质与创新能力，为国家的未来发展贡献自己的智慧与力量。同时，我们还要始终坚持党的领导，树立正确的价值观念，为实现中华民族伟大复兴的中国梦而努力奋斗。

知识测试

1. 请解释什么是物联网（IoT），并给出一个日常生活中的例子。

2. 物联网系统由哪几部分组成？请详细描述每一部分的功能。

3. 在智能家居中，物联网技术是如何提升居民生活的舒适度和便利性的？请举出至少两个具体的应用场景。

参 考 文 献

[1] 申浩男．浅析计算机的发展历史及未来趋势 [J]．电脑知识与技术，2019，15（3）：249-250．

[2] 吴沐恩．计算机信息历史研究 [J]．科技资讯，2018，16（12）：4，9．

[3] 黄有飞．计算机的软硬件组成 [J]．数码世界，2019，（7）：64-65．

[4] 朱先．综述计算机硬件日常维护和硬件发展 [J]．今日科苑，2015，（3）：95-97．

[5] 陈霞．《计算机组装与维护》课程的立体化教学实践 [J]．中国新通信，2023，25（15）：74-76．

[6] 金晶，杨晨，左容麟．试谈计算机病毒历史重大事件及其防范措施 [J]．电脑编程技巧与维护，2019，（2）：158-159，174．

[7] 胡蕊．青少年社交网络安全的法规分析：防护、保障与监管 [J]．北京青年研究，2021，30（4）：44-49．

[8] 谢德军．计算机网络信息安全技术探讨 [J]．科技资讯，2024，22（5）：27-29．

[9] 宋雨泽．新时代青少年网络信息安全教育机制构建研究 [J]．福建轻纺，2024，（5）：85-89．

[10] 虞凤娟．计算机网络信息安全及其防护技术研究 [J]．办公自动化，2024，29（3）：36-38．

[11] 杨云，唐柱斌．Linux 操作系统及应用 [M]．5 版．大连：大连理工大学出版社，2021．

[12] 眭碧霞．信息技术基础：WPS Office[M]．2 版．北京：高等教育出版社，2022．

[13] 聂哲，衣马木艾山·阿布都力克木，林伟鹏．信息技术基础：WPS Office+ 数据思维 [M]．2 版．北京：中国铁道出版有限公司，2024．